JN434202

천문학으로 과학하기 : 탐구

신미영 · 최승언

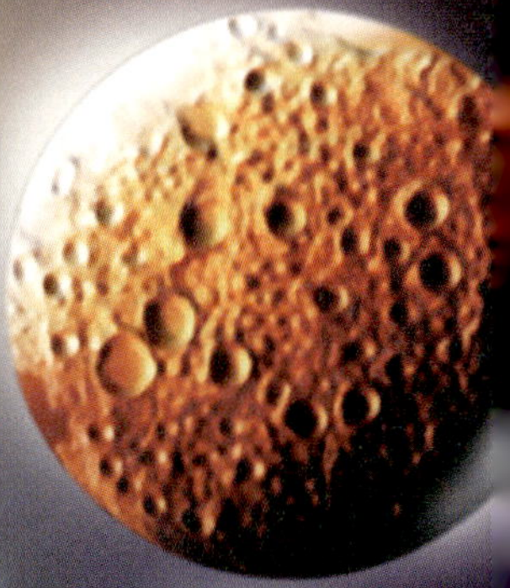

교육과학사

| 들어가면서 |

과학은 자연현상을 탐구하는 학문으로 문제를 해결하는 탐구방법 및 탐구로 얻은 결과인 지식체계를 말한다(권재술 외, 2012). 과학에서 탐구는 경험에 근거하여 논리적으로 지식을 얻는 과정으로, 경험에 바탕을 두고 있다. 이를 과학적인 탐구방법이라고 하며, 고대 그리스에서 천문학연구에 처음 사용되었다(Robbins & Jefferys, 1988). 이들은 신중하게 관찰하여(경험) 얻은 사실에 대해 합리적으로 설명하는 가설(지식)을 생성하였고, 그 다음에 관측될 사실을 예측하기 위해 이 가설(지식)을 사용하였다. 더 나아가 이들은 관찰한(경험) 사실에 대해 여러 가지 가설(지식)을 생성하기도 했으며, 이 중에서 설득력을 잃은 것은 폐기되나 때로는 더 나은 관찰을 하도록 자극을 주는 역할을 하여 결국에는 자연 세계를 더 잘 이해하는 데 기여하기도 했다.

가령, 옛 그리스인들은 먼 바다로 나아가는 배가 밑면부터 가라앉는 것처럼 보이는 현상과 한 지역에서 북쪽이나 남쪽으로 항해해 가면 그동안 보였던 별 중 일부는 보이지 않는 반면 그동안 보지 못했던 별을 보게 되는 현상을 관찰하여 알고 있었는데, 이러한 관찰사실에 대해 피타고라스가 이는 지구의 모습이 둥글기 때문이라고 설명하였다. 이와 같이 관찰사실을 근거로 지구의 모습에 대한 가설을 생성한 것이 그 예가 된다. 또한 예로부터 행성들이 멀리 있는 별들을 배경으로 서에서 동으로 이동하는 도중 동으로 이동하는 속도가 느려지면서 잠시 멈추더니 서쪽으로 잠시 역행한 후 다시 동쪽으로 이동하는 현상, 특히 수성과 금성은 언제나 태양 부근에서만 움직이는 현상들에 대해 알려져 있었다. 이에 대해 기원전 고대 그리스 철학자들은 천구의 중심이 지구에 있고, 태양을 포함한 모든 행성들이 지구를 중심으로 원궤도를 그리면서 등속으로 운동하기 때문이라고 설명하면서 우주의 모습에 대한 가설을 생성했고, 이를 2세기에 프톨레마이오스가 지구 중심설로 집대성하였다. 16세기 초에는 행성들의 이와 같은 현상에 대해 코페르니쿠스가 천구의 중심이 태양에 있다고 설명하면서 새로운 가설, 즉 태양 중심설을 생성했다. 17세기에 갈릴레이가 망원경으로 금성의 위상과 크기 변화를 관찰하고 목성의 위성을 발견한 것은 지구 중심설보다는 태양 중심설을 더 설득력 있게 했고, 태양 중심설을 지지한 케플러가 분석한 화성의 위치 관찰 자료는 행성이 원궤도로 등속 운동한다는 가설을 약화시키고 대신에 행성은 태양을 한 초점으로 하는 타원궤도로 운동한다는 설명을 뒷받침하게 되면서, 마침내 우리가 우주의 모습을 더 잘 이해하게 된 것이 다른 한 예이다.

두 사례에서 살펴본 바와 같이, 과학에서의 지식은 과학적인 탐구방법에 의한 경험을 토대로 형성되고 다시 검증된다. 이 과정에는 관찰이나 실험 등과 같은 과학탐구활동에서 얻은 경험사실들이 증거가 되어 자연 세계를 이해하는 데 유용한 추론이 이루어지는데, 이때 증거를 고찰하여 추론을 뒷받침하는 것과 그렇지 않은 것을 결정하는 능력이 사용된다(드보어, 1999). 이와 같이 증거와 논리체계를 기준으로 이루어지는 의사결정은 합리적인 사고를 근간으로 하는 것이며, 이러한 합리적인 사고 능력은 과학적인 탐구방법의 중요한 측면이다. 특히, 위의 두 번째 예는 과학에서의 탐구가 관점의 변화를 초래함을 보여주고 있다. 즉, 과학적인 탐구방법은 합리적인 사고를 토대로 세상을 바라보는 관점을 갖게 하여 자연 세계를 이치에 맞게 이해할 수 있게 해 주므로 그 중요성이 매우 크다고 할 수 있다. 한편, 과학적인 탐구의 이와 같은 중요한 특성은 일상생활에서도 매우 유용하다. 과학적인 탐구를 통해 합리적인 사고를 할 수 있는 능력을 갖추게 되면, 어떤 해결해야 할 문제에 대해 특정한 주장이 제시되었을 때 전문가의 권위에 의존하지 않고 주장을 뒷받침하기 위해 제시된 증거를 근거로 판단할 수 있게 되므로 정보가 넘쳐나는 현대 사회에서 합리적인 관점으로 의사결정을 할 수 있기 때문이다.

이와 같은 맥락에서 과학교육에서는 과학탐구활동을 강조(권재술 외, 2012)하고 있다. 이는 과학탐구활동을 통해 학생들이 자연현상을 관찰하여 측정하고 이를 분류하여 관찰된 것으로부터 명확하게 결론을 도출하는 능력을 개발하도록 돕기 위한 것이다. 과학탐구활동은 과학적 탐구방법을 수행하는 것으로 일반적으로 질문을 하는 단계, 질문을 해결하기 위한 절차와 데이터를 수집하고 조직하는 계획 단계, 절차를 수행하고 데이터를 변형 및 해석하여 주장을 하는 해결단계로 구분되며, 더 나아가 해결단계를 토대로 새로운 질문이 제기되면 이를 해결하기 위해 또 다른 과학탐구활동을 수행하게 된다(Trumbull et.al., 2005). 이처럼 문제를 해결해나가는 것이 과학의 목적이고(Laudan, 1990), 이를 합리적으로 해결하는 것이 과학적인 방법이다(Mounce, 1997). 따라서 교실에서의 과학탐구활동은 과학적인 방법으로 이루어져야 하며, 이를 위해서는 과학적 지식과 과학탐구활동을 이루는 요소를 먼저 이해하는 것이 바람직하다.

본 교재는 2부로 구성되어 있으며, 1부는 과학탐구활동 요소의 특징을 서술하고 그에 해당하는 천문학 내용을 예시하여 그 내용에 사용된 과학탐구활동 요소를 구체적으로 설명하는 것으로써, 과학탐구활동 요소에 대한 이해를 돕고자 한다. 그리고 2부는 과학탐구활동의 영역과 각 영역에 해당하는 하위 요소들을 구조화하여 모델로 제시하고 수업에 실제로 사용하는 탐구활동 자료를 예시하여, 모델을 기준으로 자료에 제시된 과학탐구활동의 영역과 하위 요소들에 대해 설명하고 있다. 이는 각 탐구활동 자료에서 과학탐구활동 요소들이 구현된 실제를 이해하는 데 도움이 되고자 하는 것이다.

2014년 5월

신미영, 최승언

CONTENTS

Part 2

Part 1
과학하기: 탐구

과학의 목적은 문제를 해결하는 것이다. 1867년 무렵에 퍼스(Peirce)는 문제 해결 과정을 탐구라고 하고 이를 질문, 방법, 해결의 세 영역으로 구분하였다(Peirce, 2006). 이 때 질문은 과학적이어야 하고 이를 합리적으로 해결할 수 있는 방법은 과학적인 방법이어야 한다(Mounce, 1997).

I. 과학적인 질문

과학적인 질문은 자연 현상을 탐구하는 질문으로써(Krajcik et al., 1998) 실제로 과학적인 연구가 이루어져야 해결될 수 있다(Jeanpierre et al., 2005). 과학적인 질문을 해결하는 전 과정에는 깊이 있는 사고 과정(thinking process)을 거치게 되는데(Graesser and Person, 1994), 이는 과학적인 질문을 해결한다는 것은 단순하게 어떤 현상에 대한 개념을 정의하거나 자료로부터 알게 된 주요 개념을 회상하여 정리하는 것이 아니라, 질문과 관련된 배경지식을 기억해내고 이를 새로운 정보와 연결하는(King, 1994) 사고 과정을 통해서 이루어진다는 의미이다(Marbach-Ad and Sokolove, 2000). 이 때문에 연구자들에 따라서는 과학적인 질문을 연구 질문(Cuccio-Schirripa and Steiner, 2000), 심층 추론 질문(Graesser and Person, 1994), 심층 사고 전략 질문(Chin et al., 2002), 탐구질문(신미영과 최승언, 2008)이라고 한다.

과학적인 질문의 예로는 수집된 데이터를 토대로 예측을 해야 하는 질문, 수집된 데이터들에서 관계를 찾아야 하는 질문, 도구를 고안하거나 계획을 수립해야하는 질문 등이 있다. 이와 같은 질문을 해결하기 위해서는 적합한 데이터를 수집하여 해석하고(Germann et al., 1996a), 데이터 해석을 토대로 질문의 답을 추론해야 한다.

다음은 과학적인 질문의 한 예이며, 이를 해결하는 사고 과정에 대한 내용이다.

질문: 지구에서 맨 눈으로 인공위성을 볼 수 있을까?

이 질문은 '네,' '아니요'를 요구하는 단순한 질문처럼 보이지만 답을 하기 위해서는 조사연구를 시작해야 한다. 먼저 위성이 무엇인지 알아야 한다. 지구 주위에는 달이 공전하고 있다. 달처럼 행성 주위를 공전하는 천체를 위성이라고 한다. 화성 주위에는 2개의 위성 데이모스와 포보스가 공전하고 있으며, 목성 주위에는 갈릴레이 위성(이오, 에우로파, 가니메데, 칼리스토)을 포함한 많은 수의 위성이 공전하고 있다. 이러한 위성 외에도 사람들이 지구 환경 및 우주를 탐사하기 위해 인공적으로 지구 주위를 공전하도록 한 위성들이 있다. 이를 인공위성이라고 한다. 이와 같은 인공위성에 대한 위 질문을 해결하기 위해서는 '인공위성의 크기, 지구로부터의 거리, 인공위성의 발광 정보, 관찰자가 관측할 수 있는 전자기파 영역'과 같은 데이터를 조사하고 수집해야 한다. 데이터를 수집하고 나면 '인공위성의 발광 정보'와 '관찰자의 관측 전자기파 영역' 및 '지구로부터의 거리'와의 관계를 분석하고 이를 해석하여 맨 눈으로 인공위성을 볼 수 있는지에 대해 추론해야 한다.

직경이 1m이고 500㎞ 상공에 있는 구형의 인공위성을 가정해 보자. 본다는 것은 눈의 분해능과 관계가 있다. 인공위성의 발광 정보는 인공위성이 태양 빛을 반사하여 우리에게 보내는 빛의 밝기에 대한 것이며, 관찰자가 관측할 수 있는 전자기파 영역은 맨 눈이 감지하는 전자기파 영역에 대한 것이다. 그리고 눈의 분해능은 약 1′이며, 가정된 인공위성의 시지름은 약 0.4″이고 밝기는 약 3등급임을 수식을 활용하여 알아낼 수 있다. 맨 눈은 파장이 약 3000Å에서 7000Å 사이인 가시광선 영역에 민감하다. 더 조사해야 할 정보는 맨 눈으로 볼 수 있는 별의 밝기 등급으로, 맨 눈이 인식할 수 있는 가장 어두운 별의 밝기는 6등급이다. 조사 연구한 결과에 따라 우리는 눈의 분해능보다 작은 물체를 식별할 수 없기 때문에, 눈의 분해능과 인공위성의 시지름 정보로는 맨 눈으로 인공위성을 볼 수 없다고 추론하게 된다. 그러나 발광정보와 맨 눈으로 인식하는 밝기 등급 정보까지 고려하면, 인공위성이 반사하는 빛은 보이지만 이것이 별인지 인공위성인지 구분하지는 못한다고 추론하게 된다. 이와 같이 과학적인 질문은 관련 정보 조사와 이를 근거로 하는 추론을 통해 해결된다.

Ⅱ. 과학적인 해결방법

과학적인 질문을 과학적으로 해결하기 위해서는 해결할 수 있는 방법을 설계하고 질문을 검증하는데 필요한 데이터를 수집하여 이를 분석하는데(Germann et al., 1996), 이러한 일련의 탐구 과정을 과학적인 해결방법이라고 할 수 있다. 과학적인 질문을 해서 이를 과학적인 해결방법으로 해결하게 되면 원인과 결과가 명확하게 구체화되거나 미지의 현상에 대해 개념 정의를 하게 되고, 가설을 설정한 경우에는 가설의 오류를 검증하게 된다(Valiela, 2001). 그러나 과학적인 해결방법이 모든 질문을 해결하는 정도가 똑같은 것은 아니다. 왜냐하면 과학의 분야가 다양하고, 각 분야마다 다루는 지식의 성격이 다르고(Sandoval, 2005; Rudolph, 2000), 또 각 질문마다 해결하는 데 가장 적합한 방법을 설계하여야 하기 때문이다(Germann et al., 1996a).

따라서 과학적인 해결방법은 경험 데이터를 수집하는 방법에 따라 인과관계연구(Bencze and Hodson, 1999), 관찰기술연구(Bell et al., 2003), 상관연구(Bencze and Hodson, 1999)로 구분할 수 있다. 이를 과학적인 연구라고 할 때, 각 연구마다 관찰, 측정, 추리 등과 같은 과학과정기술과 데이터 분석 및 해석의 과정이 이루어진다.

이제 과학적인 연구와 연구과정에서 사용되는 과학과정기술, 그리고 데이터의 분석과 해석의 특징과 예를 살펴보도록 하겠다.

1. 과학적인 연구

1) 관찰기술연구

관찰 대상에 영향을 주는 변인을 조작할 수 없는 연구를 하거나 연구의 윤리적인 측면을 고려해야 할 때 적합한 연구방법이다(Bencze & Hodson, 1999). 예를 들면, 천문학과 같은 학문은 관찰기술연구가 매우 중요한 역할을 한다. 이는 천문학에서 생성된 질문을 해결하고자 할 때, 연구 대상을 다양한 측면으로 조사할 수 없을 뿐 아니라 통제된 실험을 수행할 수 없는 경우가 많기 때문이다. 도구가 발달된 오늘날에도 천문학적 내용은 실험을 반복하여 결과를 확인하거나 같은 실험을 재현하는 것이 힘들다(Robbins & Jefferys, 1988). 천문학 외에 고고학, 인류학, 지질학 등의 학문도 이에 해당한다(Valiela, 2001).

발리에라(2001)는 관찰에 의한 기술은 질문을 해결하는 출발점으로 가장 유용하다고 하였다. 왜냐하면 우리는 어떤 문제를 접하면 그것을 어떻게 설명할지에 대해 숙고하게 되는데, 그 과정에서 통찰력의 도움을 받아 구체적이고 아주 일상적인 관찰에 함의되어 있는 중요한 일반화를 깨닫기 때문이다. 뉴턴이 떨어지는 사과를 관찰하면서 달이 지구 주위를 공전하는 이유를 깨닫게 된 사례가 이에 해당한다. 즉, 떨어지는 사과를 관찰한 것은 일상적인 관찰이며 이때 떨어지는 사과에 적용되는 힘이 달의 공전에도 적용되는 것을 알아차리고 만유인력의 법칙이라는 일반화를 이끌어낸 것이다. 또한 '공기의 온도는 몇 °C인가?'를 해결하는 진술이나, '새가 날 때는 날개를 펄럭거린다.', '이산화탄소농도가 지수적으로 증가한다.' 등의 진술로 표현되는 것도 관찰연구에 의한 기술이다.

관찰기술연구를 하게 되면 하나의 관찰에서 매우 많은 분량의 데이터를 얻게 된다. 이때 수집 기술된 데이터는 반드시 설명이 되어야 한다. 왜냐하면 많은 데이터를 기술했다고 해서 그것이 어떤 의미를 말해주는 것은 아니기 때문이다. 다시 말하면, 기술된 데이터는 관찰 대상의 내부에 있는 그 무엇에 대해서 스스로 설명하지 않는다는 것이다. 한편, 설명을 하다보면 그 과정에서 새로운 질문이 생성되는 경우가 많다. 이는 추수 연구를 촉구하는 것으로 관찰기술연구의 주요 역할 중 하나이다. 또한 관찰기술연구에 의해 기술된 데이터는 관찰 대상의 상태가 의미하는 것에 대해 우리가 무엇인가를 알아낸 후에 알아낸 그 어떤 것을 평가할 수 있는 근거로도 활용된다(Valiela, 2001). 이와 같은 관찰기술연구에서는 면밀한 관찰, 관찰로 수집된 데이터의 기록, 기록된 데이터에 대한 설명의 과정이 중요하다.

다음은 관찰기술연구를 한 과학자의 한 예이다.

티코 브라헤의 관측 기술

티코 브라헤가 신성을 발견하였을 당시 대부분의 사람들은 호기심으로 신성의 밝기와 색을 관측하고 별의 위치도 어림잡아 추정하고 기록하였다. 그러나 티코 브라헤는 이들에 비해 훨씬 더 체계적으로 관측하고 이를 기록에 남겼다.

1572년 11월 저녁에 티코 브라헤는 실험실에서 집으로 돌아가는 도중에 밤하늘의 카시오페이아자리 부근에서 그동안 보지 못했던 별을 발견하였다. 자신이 착각해서 본 게 아니라는 것을 확인하고 그는 관측을 계속했다. 그는 육분의를 사용하여 매일 밤 몇 차례씩 그 별이 카시오페이아자리로부터 떨어진 각을 측정하여 별의 위치를 기록하였으며, 별의 밝기와 색도 관측하여 [그림 1]과 같이 기록했다. 기록에 따르면 그 별은 처음에는 금성만큼 밝았고 12월경부터 조금씩 어두워져 목성만큼의 밝기가 되었으며, 1월에는 1등급 별보다 조금 더 밝은 정도가 되었다. 그리고 다음해 여름에는 3등급으로 카시오페이아자리의 별들과 비슷한 밝기가 되었고 다음해 3월에는 완전히 보이지 않게 되었다. 색은 처음에는 흰색으로 보였다가 3등급 정도 되었을 때 은은한 붉은색으로 변하였다. 당시에는 이 별을 신성이라고 하였는데, 오늘날에는 초신성으로 분류된다(Marschall, 1988).

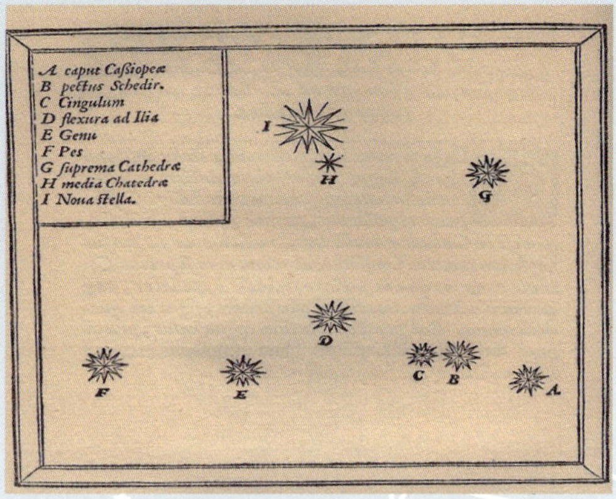

카시오페이아 별자리와 티코가 1572년에 발견한 신성의 위치
A: ζ Cas, B: α Cas, C: η Cas, D: γ Cas, E: δ Cas, F: ε Cas, G : β Cas, H: κ Cas,
I: 티코의 신성(SN 1572)

[그림 1] 티코 브라헤의 신성(Thoren, 1989)

티코 브라헤는 어떤 천체를 관측하든지 데이터를 얻을 때는 항상 관측을 7번 시도한 후 결과를 기록하였다. 이는 이전의 천문학자들이 한 번 관측하여 기록한 것과 아주 다른 점이다. 그는 같은 대상을 여러 번 관측하는 것이 중요하다는 것을 최초로 이해한 과학자였으며 조수들에게도 동시에 관측하게 하여 정확도를 높였다. 즉, 티코의 이와 같은 방법은 풍부한 데이터를 사용하고 결과의 분산을 인정하는 근대 과학의 시초가 된다(Thoren, 1989). 그리고 태양, 달, 행성들의 하지점, 동지점, 중의 위치 등 특정한 경우만 관측하던 대부분의 천문학자들과 달리 티코 브라헤는 태양, 달, 행성들에 대해서 몇 년 동안을 주기적으로 관측했다. 이렇게 수집한 방대한 양의

데이터는 오차가 큰 고대 관측 자료를 대체할 수 있었다는 점(Fix, 2004)에서도 매우 중요하다.

2) 인과관계연구

인과관계연구는 실험을 통해 변인 간의 인과관계를 찾는 연구이다(Bencze & Hodson, 1999). 실험은 독립변인이라고 가정된 변인을 변화시키고 이에 따라 나타나는 종속변인의 변화를 찾아 독립변인이 종속변인에 미치는 영향을 검증하는 것이다. 이와 같이 데이터를 검증하기 위해서는 수집하려는 데이터가 조작적으로 정의되어야 한다. 예를 들어, '플로지스톤'이라는 개념으로 연소를 설명하려고 한다면 '플로지스톤'을 조작적으로 정의할 수 있어야 이를 검증할 수 있다. 그러나 '플로지스톤'은 검증할 수 없는 개념이므로 조작적으로 정의할 수 없다. 따라서 이 개념으로 연소를 설명했다면 인과관계연구라고 할 수 없는 것이다(Valiela, 2001). 이처럼 실험은 조작적 정의를 할 수 있는 데이터들을 검증하는 활동이므로 조작적 실험이라고 할 수 있다.

조작적 실험의 주요 개념은 가정된 독립변인의 변화가 종속변인의 변화를 초래한다면 단지 두 변인 사이의 관계를 고려 할 수 있다. 이때까지는 두 변인 사이의 인과관계가 밝혀진 것은 아니며, 그 독립변인을 변화시키지 않았을 때 종속변인은 어떻게 변하는지까지도 조사해야 두 변인 사이의 인과관계를 검증할 수 있다는 것이다. 이 개념은 로저 베이컨(1214-1294?)이 가장 먼저 제안하였으며 프란시스 베이컨(1561-1626)에 의해 실제로 시작되었다. 프란시스 베이컨은 질문을 해결할 때 연역적 사고에 의존하기보다는 경험적 관찰과 실험을 토대로 하자고 주장했다. 이는 질문을 해결하기 위해서는 필요한 사실이나 개념들을 검증해야 한다는 의미이다. 이러한 개념은 갈릴레오 갈릴레이의 연구방법으로 체계화되었는데, 이는 질문을 검증할 수 있는 상황을 인위적으로 설정하여 현상을 조사하는 것이다. 이것이 오늘날의 조작적 실험의 주요 개념으로, 조작적 실험은 실험 상황을 연구자가 설계하고 설계에 따라 통제된 상황에서 사실이나 개념과 같은 데이터를 조사하는 것이다.

인과관계연구를 하기 위해서는 수집한 데이터로 기술한 그 현상이 나타날 조건에 대해 개념이나 모델을 설정한다. 개념이나 모델(Grevatt, et al., 2007)은 현상을 설명하기 위한 것이며, 이때 설명은 잠정적인 가설이다. 가설은 조작적으로 정의된 독립변인과 종속변인으로 이루어지고, 이것이 검증단계를 거친다. 가설이 반증되지 않으면 이 가설은 질문을 해결한 것이므로 과학 지식의 일부가 된다. 이처럼 인과관계연구에서 설정되는 가설은 우리가 알고자 하는 사실에 도달하게 해주는 연구 도구의 역할을 한다.

인과관계연구는 분자 생물학이나 물리학 등에서 전형적으로 유용하게 쓰인다(Valiela, 2001). 그러나 인과관계연구에서 이루어지는 조작적 실험은 데이터를 수집하는 중요한 방법이지만, 어떤 학문에는 공간과 시간의 제약 때문에 이 방법을 사용하는 데 어려움이 있다. 예를 들어, 해양학, 전 지구적 변화, 천문학, 기후학, 고고학, 지질학 같은 분야의 연구에서는 조작적으로 접근하여 연구하기가 어렵다. 또 윤리적 문제가 발생하는 경우도 있다. 예를 들면 지각력이 있는 대상이나 희귀종 또는 귀중한 자원을 다룰 때 조작적인 접근을 하는 것은 적절하지 못하다. 이와 같이, 공간과 시간 규모가 크거나 윤리적인 제약이 발생하는 질문을 해결하기 위해서 연구자들은 관찰 또는 상관관계연구 등에 의존하게 된다(Valiela, 2001).

다음은 천문학에서 인과관계연구를 한 예이다.

질문: 태양의 흑점은 위치가 왜 달라지는가?

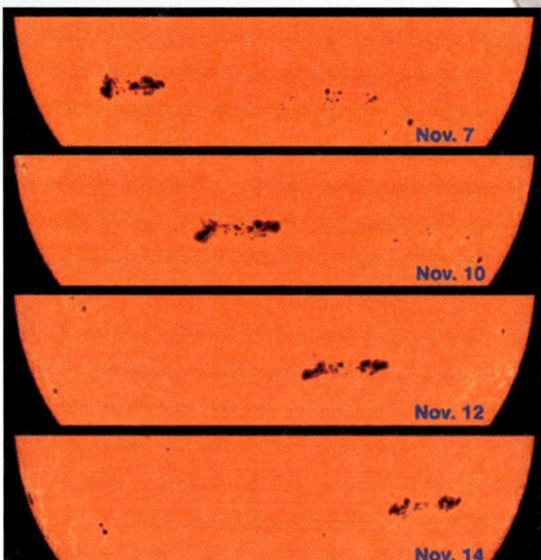

[그림 2] 태양 흑점의 위치 변화

[그림 2]는 어떤 해의 11월 7일부터 11월 14일까지 태양 흑점의 위치 변화를 보여준다. 이러한 흑점의 위치 변화는 왜 일어날까? 우리는 흑점의 위치 변화에 대하여 3가지 정도의 가설을 설정할 수 있다.

첫 번째 가설 : 태양의 흑점은 태양 표면에 떠 있어서 마치 연못에 나뭇잎같이 어떤 힘에 의하여 동동 떠다니기에 시간이 지남에 따라 그 위치를 바꾼다.

이러한 가설은 아래의 또 다른 관측에 의하여 기각된다. 태양의 흑점이 동동 떠 있다면 흑점의 이동방향이 매우 불규칙할 것이다. [그림 3]은 2001년 3월 26일부터 4월 2일까지의 흑점의 위치 변화를 보여 주는데, [그림 2]와 마찬가지로 흑점들이 모두 한 방향으로 이동하고 있다. 두 그림 모두 시간이 지남에 따라 흑점이 왼쪽에서 오른쪽으로 태양의 적도에 거의 평행하게 이동하는 것으로 보아, 흑점의 위치 변화가 규칙적임을 알 수 있다. 따라서 첫 번째 가설은 두 그림에서 관찰된 사실과 다르므로 기각된다.

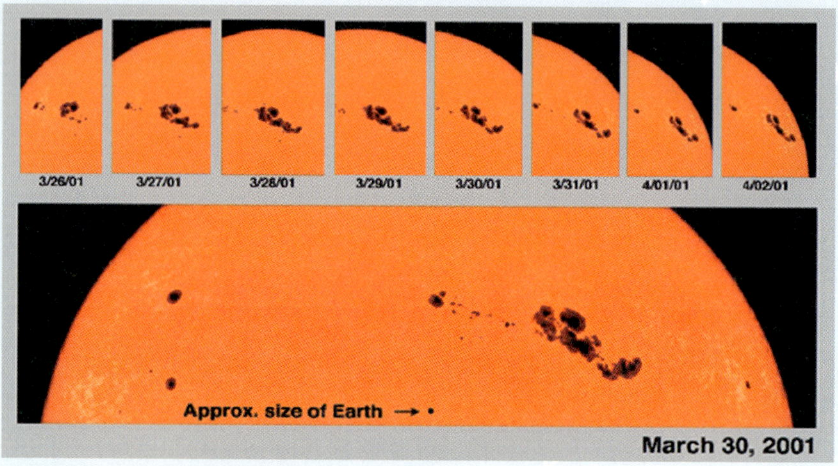

[그림 3] 태양 흑점의 위치 변화(2001. 3. 26. ~ 2001. 4. 2.)

두 번째 가설 : 태양의 흑점은 태양 표면에 고정되어 있다. 그러나 관찰자가 오른쪽에서 왼쪽으로 태양의 적도와 나란하게 움직이기 때문에 태양의 흑점이 왼쪽에서 오른쪽으로 태양의 적도와 나란하게 이동하는 것처럼 보인다.

이 가설도 다음과 같은 이유로 기각된다. 이 가설에 의하면 [그림 4]와 같이 지구는 A의 위치에서 B의 위치까지 이동하여야 한다. 적어도 이 기간은 3개월 정도 되는데, [그림 2]와 [그림 3]은 모두 관측 기간이 약 7~8일이다. 이와 같은 시간 차이를 볼 때, 이 가설은 관찰된 흑점의 이동을 설명할 수 없다.

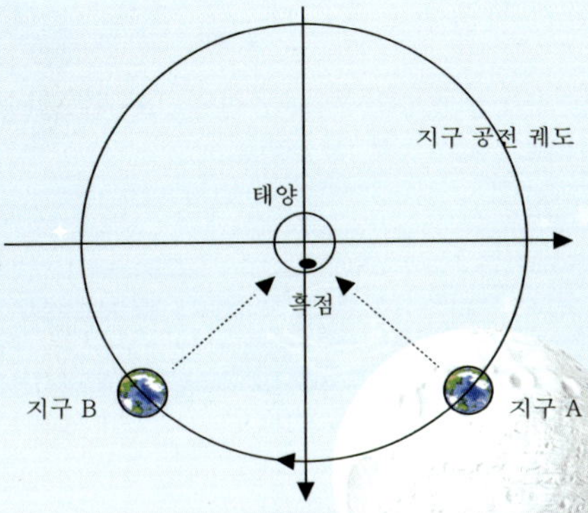

[그림 4] 태양 흑점의 위치 변화 설명 모델

세 번째 가설 : 첫 번째 가설을 수정하여 태양의 흑점이 태양 표면에 떠 있지만 일정한 방향으로(왼쪽에서 오른쪽) 작용하는 어떤 힘 때문에 흑점이 한 방향으로만 움직인다.

이 가설은 그럴 듯하다. 그러나 일정한 방향으로 이끄는 그 어떤 힘이 무엇인지에 대한 설명이 없다. 이처럼 이 가설은 흑점을 일정한 방향으로 이끄는 힘을 설명하지 못하기 때문에 이를 설명할 수 있을 때까지 잠정적으로 기각된다.

한편, [그림 2]와 [그림 3]에서 흑점이 시간이 지나면서 뒤로 사라지는 듯이 보이는데, 이는 마치 태양의 표면에서 돌고 있는 것 같이 보인다. 그렇다면 태양 자체가 돌고 있는 것은 아닐까? 이러한 생각을 토대로 네 번째 가설이 상정된다.

네 번째 가설 : 태양의 흑점은 태양의 표면에 거의 고정되어 있지만 태양이 자전하기 때문에 태양의 흑점이 이동하는 것으로 관측된다.

이 가설은 아직은 기각되지 않는다. 왜냐하면 지구는 지구 공전 궤도 상에서 하루에 약 1° 지나가기 때문에 두 그림의 관측 기간 동안 지구의 위치 변화는 7° 정도에 불과하다. 그러나 태양이 자전한다면, 표면에 고정되어 있는 흑점은 위치가 변하게 되고, 이때 표면에서 흑점의 위치변화를 관측기간 동안 태양이 자전한 각으로 측정하면 약 90°가 된다. 즉, 이 가설은 서로 다른 시기에 관측된 두 그림([그림 2], [그림 3])을 모두 설명할 수 있으며, 다른 가설이 나오기까지 기각되지 않는다. 따라서 이 가설은 태양의 흑점을 설명하는 모델이 될 수 있으며, 이 모델에서 태양의 자전주기는 약 28일로 설명된다. [그림 5]는 네 번째 가설을 근간으로 하는 오늘날의 태양 자전 모델이다. 태양 자전 모델은 현재까지 태양의 11년 주기 활동, 흑점 생성, 플레어 현상 등과 같은 태양의 활발한 활동들을 잘 설명하고 있다.

태양의 자기 주기

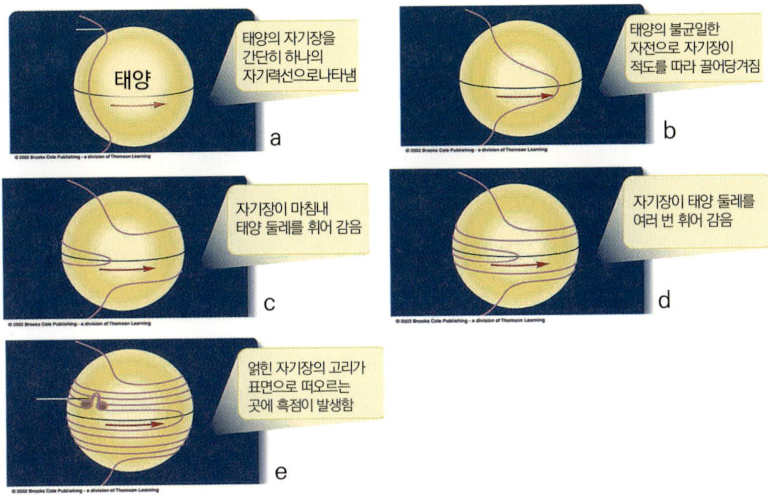

[그림 5] 태양 자기장의 주기성 변화(Seeds, 2004)

살펴본 바와 같이 관찰을 통해 생성된 질문인 '태양의 흑점은 왜 위치가 달라질까?'를 해결하기 위해 4가지 가설, 즉, 원인이 되는 변인으로 4개가 상정되었다. 첫 번째에서 세 번째까지 가설은 검증 단계에서 기각되었고, 네 번째 가설은 현재까지 관찰된 현상을 잘 설명하기 때문에 기각되지 않았다. 즉, 네 번째 가설은 질문을 해결한 것이 되며, 앞으로 다른 이유로 기각되기 전까지 우리가 알고자 하는 사실에 도달하게 해주는 연구 도구의 역할을 하고 있다. [그림 5]는 태양이 자전한다는 가설을 연구 도구로 삼아 태양 자기장의 주기성 변화를 설명하고 있는 모델이다.

3) 상관관계연구

상관관계연구는 자연적 상황에서 변화하는 변인들을 관찰하고 이들 변인 간의 관계를 찾아내는 것이다(Bencze, 1996). 독립변인이라고 생각되는 한 변인이 이에 대해 종속변인으로 생각되는 다른 변인에 영향을 미치는지 관찰하여 조사하고 그 결과로 부터 두 변인 사이의 관계를 알아낸다. 이와 같이, 상관관계연구는 변인들이 서로 어떤 경향을 나타내면서 함께 변하기는 하나 어떤 것이 독립변인이고 어떤 것이 종속변인인지를 명확하게 알기 어려운 경우에 사용되는 것으로, 오래전부터 사용되어온 방법이다(Valiela, 2001). 상관관계가 있는 데이터를 해석하는 것은 항상 모호하기 때문에 상관관계가 있는 결과를 해석할 때는 모든 사례를 면밀히 조사해야 한다(Valiela, 2001). 즉, 상관관계연구는 생각할 수 있는 모든 것 또는 실행가능한 모든 것을 측정하고 변인으로 고려된 것들에 대해 사전사후 분석하여 변인들 중에서 관계를 찾는 것이다.

상관관계연구에서는 상관관계에 있는 데이터를 분석하는 데 불명확한 측면이 항상 있기 때문에 그 분석결과를 토대로 모호한 해석이 되는 답을 얻는 경우가 많다. 그럼에도 불구하고, 시간과 공간규모가 비교적 크고 조작이 가능하지 않은 현상을 연구하는 경우 상관관계연구는 상당히 유용하다. 다음은 상관관계연구의 예이다.

천체의 시지름과 밝기로 천체까지의 거리 관계 추정

고대에 천체의 거리를 추정하기 위해 천체의 시지름과 밝기를 이용하였다. 즉, 천체의 시지름의 크기가 크면 거리가 가깝고 그 크기가 작으면 거리가 먼 것으로 추정하였고, 천체의 밝기가 밝으면 거리가 가깝고 밝기가 어두우면 거리가 먼 것으로 추정한 것이다. 이는 천체의 시지름이나 천체의 밝기와 천체까지의 거리 사이에서 인과관계를 밝힌 것이 아니라, 이들 간에 서로 관련이 있음을 추정한 것이다.

행성의 공전주기와 거리와의 관계

케플러는 행성의 거리와 공전주기와의 관계를 밝혔다. 그는 행성까지의 평균거리(D)와 공전주기(P)라는 두 변인을 조사하여 이들 변인이 서로 관계가 있음을 알아냈고 이를 다음의 수식으로 나타냈다.

$P^2=KD^2$ (K는 P와 D의 단위에 따라 결정되는 상수)

두 변인은 공전주기에 따라 행성까지의 거리가 결정되는 인과관계가 있는 것이 아니라, 수식에 따르는 관계가 있는 것이다.

2. 과학과정기술

과학과정기술은 데이터를 조직하여 정보를 생성하는 주요한 도구 역할을 한다. 미국 SAPA(Science-A Process Approach) 과학교육프로그램에서는 과학과정기술을 크게 기초과정기술과 통합과정기술의 두 종류로 분류하고 있다. 기초과학과정기술에는 관찰, 추리, 측정, 의사소통, 분류, 예측이 분류되어 있으며, 통합과학과정기술에는 변인통제, 가설설정, 데이터해석, 실험, 모델이 분류되어 있다(Glynn et al., 1991). 미도르(2005)는 과학과정기술을 기본적인 수준, 중간 수준, 상위 수준의 과정기술로 분류한다. 기본적인 과정기술에는 관찰, 분류, 의사소통, 중간 수준의 과정기술에는 추리, 예측이 상위 수준의 과정기술에는 가설설정, 변인설정, 변인통제로 분류되어 있다.

SAPA의 과학과정기술에 제시되어 있는 실험은 변인 간의 인과관계를 찾는 것이므로 변인설정과 변인통제로 구성된 활동이라고 볼 수 있는데, 이는 미도르의 상위 수준의 과정기술에 제시되어 있다. 그리고 데이터해석은 수집된 데이터를 토대로 추론이 이루어지는 활동이고, 모델은 관찰 현상에 대한 설명의 한 형태이므로 데이터를 생성한 이후의 활동이다. 따라서 여기서는 과학과정기술의 역할에 대해 간략하게 논하고, 미도르가 제안한 과학과정기술의 하위 요소들에 대해 수준의 구분 없이 그 특징과 예를 살펴볼 것이다.

과학과정기술은 데이터를 생성하는 도구이며, 이로부터 생성된 데이터는 이론을 형성하기도 하고 이론을 증명하기도 한다. 로빈스와 제프리스(1988)에 의하면, 특히 천문학자들은 관찰하여 데이터를 생성한 후 이를 토대로 이론이나 가설 등을 생성한다. 그리고 이론이나 가설을 토대로 무엇이 관찰될지를 예상하며, 다음은 그 예상을 뒷받침할 수 있는 데이터를 얻기 위해 또 관찰을 한다. 새로운 관찰에 의해 생성된 데이터는 이론을 정교화하거나 여러 가지 가설 중 특정 가설을 지지하는 역할을 한다. 이처럼 데이터를 생성하는 과정은 이론 또는 가설과 끊임없이 상호작용하며, 이들 중 어느 것 하나가 없으면 다른 것도 진전이 이루어지지 않는다.

1) 관찰

관찰이란 사물이나 현상을 주의 깊게 살펴보는 활동이다. 과학 활동의 시작으로서 문제를 인식하고 문제에 대한 정보를 수집하는 활동이며, 모든 과학 활동의 기본이 된다. 배경지식과 오감 등을 사용하여 문제해결에 필요한 데이터를 얻으며 감각기관의 한계를 극복하고 정확성을 높이기 위해 현미경이나 망원경과 같은 보조기구를 사용하기도 한다. 그리고 과학자들은 관찰한 것을 자세히 기록한다. 다음은 관찰과 관찰 내용이 자세히 기록된 예이다.

1572년 11월 티코 브라헤는 밤하늘에서 그동안 보지 못했던 별 하나를 발견하였다. 그 별은 다른 어떤 별 아니 어떤 행성보다도 훨씬 밝았다. 그는 별을 계속 관측하여 1573년에 이를 신성(new star)이라고 결론지었다. 티코는 그 별을 신성이라고 확신한 후 그 별의 기원을 추론하고, 천문학적 의미를 해석하기 위해 그 별을 관찰하고, 관찰한 내용을 그림([그림 1 참조])과 문자로 기록하였다.

기록 내용에는 관찰 시점에서의 밝기뿐 아니라 '12월에는 목성 정도의 밝기였다가, 5월에는 2등급 별정도의 밝기로 어두워졌다.'와 같이 밝기의 변화에 대한 것도 포함되어 있었다.

티코는 이 별을 처음 보았을 때 자신의 관찰을 확신하기 위해 다른 사람들에게도 그 별을 관찰하게 하였을 뿐 아니라 반복해서 관찰하였다고 한다. 이와 같은 태도는 그 전례가 없는 것으로 과학적인 관찰의 시초라고 할 수 있다.

다음의 예는 관찰한 것을 자세하게 기록한 또 다른 자료이다.

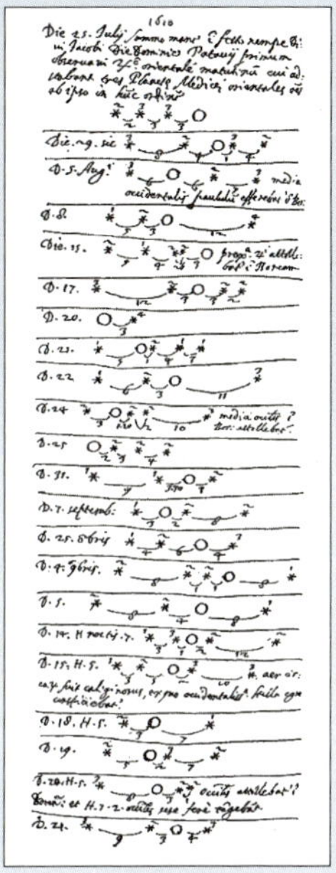

[그림 6] 목성의 위성(Fix, 2004)

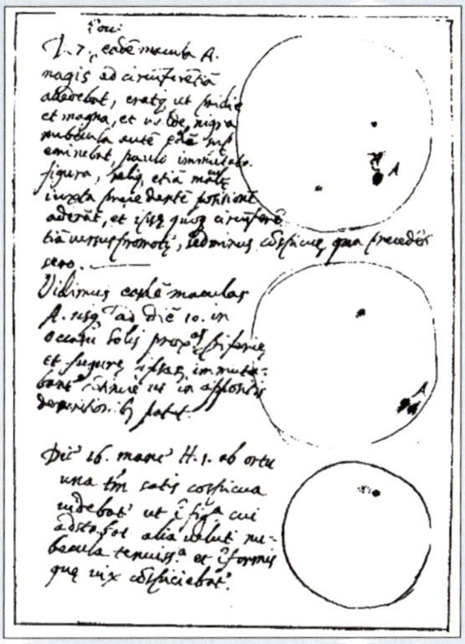

[그림 7] 태양의 흑점(Fix, 2004)

[그림 6]은 갈릴레이가 망원경으로 목성과 그 위성들을 관측한 내용을 기록한 것이다. 갈릴레이가 목성의 위성을 발견한 것은 당시에 지구가 공전한다면 지구가 너무 빠르게 움직이기 때문에 달은 뒤처져서 지구주위를 돌 수 없을 것이라는 주장이 잘못된 것이었음을 밝혀준 중요한 관측사실이었다. [그림 7]은 갈릴레이가 망원경으로 태양의 흑점을 관측하여 기록한 내용이다. 갈릴레이는 흑점을 관측하여 태양의 자전과 자전주기를 알아냈다.

2) 분류

사물을 공통속성이나 조건에 따라 같은 범주로 묶거나 다른 범주로 구분하는 활동이다. 공통점과 차이점을 기준으로 사물을 묶거나 관계를 짓는 것으로, 예를 들면 화강암은 밝은 광물의 비율을 기준으로 현무암과 구분하며, 모래는 알갱이 크기를 기준으로 진흙과 구분한다. 이와 같은 분류는 미지의 것을 동정(同情, identify)하는 데 유용하다. 시즈(2001)는 분류가 다른 종류의 사물들 사이의 관계를 밝혀주고, 무질서하게 보이는 것들에서 규칙이 드러나게 해주므로 과학적인 개념이 형성되는 틀(framework)이라고 한다. 분류는 기준이 중요하며 분류체계는 대부분 위계적이다(Baker & Piburn, 1997). 다음은 분류의 한 예이다.

천문학자들은 분광관측을 하게 된 19세기 말경 안드로메다대성운과 유사한 천체들은 오리온성운이나 고리성운과는 다른 스펙트럼 특징을 보인다는 것을 알게 되었다. 다시 말하면, 오리온성운이나 고리성운과 같은 천체들의 스펙트럼은 밝은 선 스펙트럼인 반면, 안드로메다대성운과 같은 천체는 별과 유사한 흡수선 스펙트럼으로 관측된다. 이는 안드로메다대성운이 별로 이루어진 천체임을 나타낸다.

천문학자들은 안드로메다대성운과 같은 천체들 즉, 은하를 이해하기 위한 첫걸음으로 그동안 안드로메다대성운과 유사하게 관측된 천체들에 대해 모습과 형태를 기준으로 분류체계를 만들었다. 가장 명확하게 분류되는 기준은 나선팔의 유무였다. 나선팔이 있는 것은 나선은하, 나선팔이 없는 것은 타원은하로 범주화되었다. 이때 각 범주에 분류된 은하 내에서 나타나는 약간의 차이로 각 범주는 다시 하위 범주로 나누어졌다.

[그림 8]은 주요 나선은하들이며, 이들을 하위 범주로 나눈 기준은 전체 은하 크기 대비 중심핵의 크기와 나선 팔이 감긴 정도이다. 'S'는 나선 팔을 의미하고 'S'다음에 있는 소문자 'a'는 나선은하의 하위 범주를 나타낸다. 'Sa'는 중심핵이 크고 뚜렷하게 볼록하고, 나선 팔이 잘 감겨있는 은하들로 NGC2811, NGC4594 등이 이에 해당한다. 'Sb'는 'Sa'보다 중심핵이 뚜렷하지 않고 나선팔은 좀 더 벌어져 있는 은하들로 NGC3031, NGC4565 등이 이에 해당한다, 'Sc'는 중심핵이 매우 작고 나선팔도 매우 느슨하게 감겨져 있는 은하들로 NGC 628, NGC4631 등이 이에 해당한다. 나선은하이면서 위 두 범주에 해당하지 않는 것으로 [그림 8]의 하단에 제시된 은하들-NGC175, NGC1300, NGC1073-은 중심부가 막대 형태이다. 이들은 막대나선은하라고 하며 'S' 뒤에 대문자로 'B'를 사용하여 나선은하와 구분한다. 막대 나선은하도 나선은하의 하위범주와 마찬가지로 중심

핵의 뚜렷한 정도와 나선팔의 감긴 정도에 따라 분류하고, 소문자를 사용하여 'SBa', 'SBb', 'SBc'로 나타낸다. NGC175는 중심부가 막대형태이고 중심핵이 뚜렷하며 나선 팔이 잘 감겨 있어 SBa로 분류되었으며, NGC1300은 SBb, NGC1073은 SBc로 분류되었다.

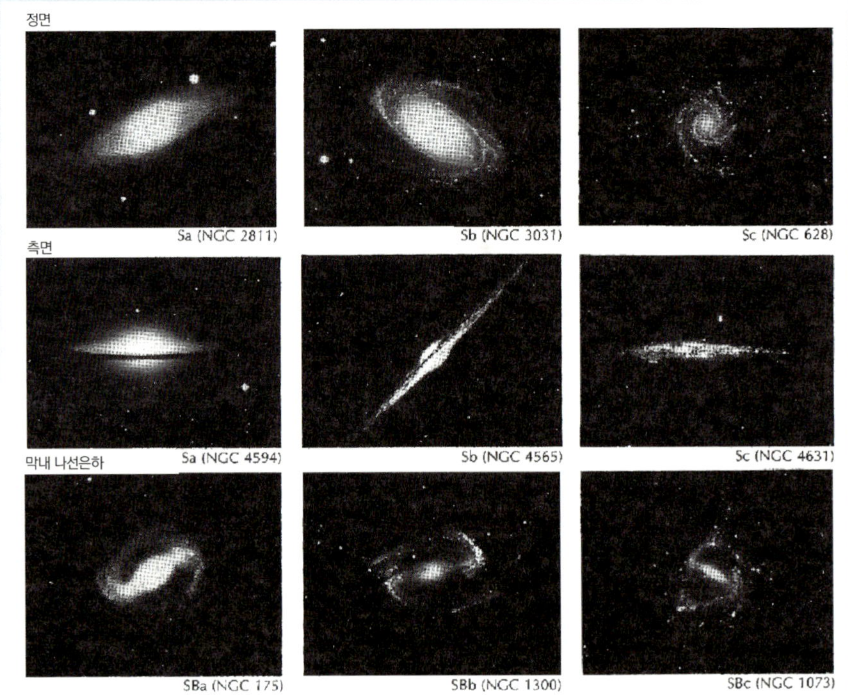

[그림 8] 다른 각도에서 관찰한 여러 종류의 나선은하(Robbins and Jefferys, 1988)

나선팔이 없는 은하는 대부분 타원형으로 타원은하라고 하며 E로 표시한다. 이들을 하위 범주로 분류하는 기준은 은하의 편평한 정도이다. 타원은하의 편평한 정도는 [그림 9]에서 보듯이 'E'뒤에 있는 숫자로 나타내며, 숫자가 클수록 더 납작하다. E0는 거의 원형으로 보이는 타원은하이며 NGC4278이 이에 해당한다. NGC3115는 가장 납작한 은하 중 하나로 E7으로 분류되어 있다.

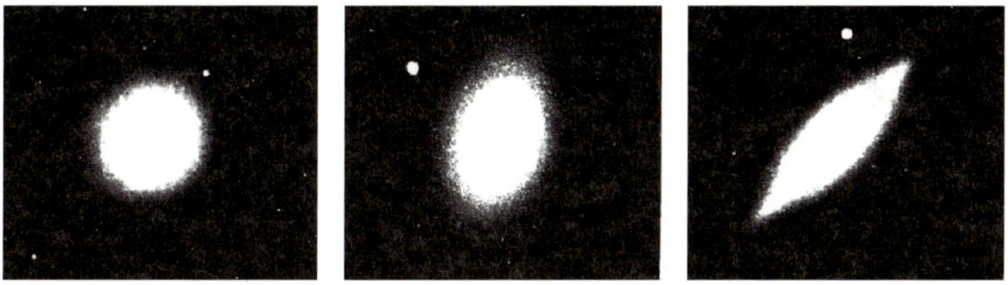

[그림 9] 타원은하 (Robbins and Jefferys, 1988)

[그림 10] 대마젤란운

'나선팔의 유무'라는 분류 기준에 따른 은하분류체계에 잘 들어맞지 않는 은하들도 있다. 이들은 '불규칙은하'로 분류하며, [그림 10]의 예와 같이 이들은 전형적인 형태를 띠고 있지 않다. 불규칙은하는 지금까지 분류된 은하의 약 3%에 해당된다. 또 다른 예외로는 나선은하와 타원은하의 중간 형태의 모습을 지닌 은하들이다. 이들은 S0로 분류되는데 중심이 나선은하처럼 보이나 나선팔이 보이지 않는다(Robbins and Jefferys, 1988).

우주에는 많은 은하들이 존재하고 이들은 어느 것도

똑같은 것이 없다. 그러나 허블은 거의 모든 은하들은 모양이 규칙적이어서 나선은하 아니면 타원은하라는 것을 발견하고 1926년에 [그림 11]과 같은 은하분류체계를 만들었다. 허블에 의해 은하수 역시 수많은 은하들 중의 하나임을 알게 되었고, 현재 우리은하는 막대 나선은하로 은하분류체계에서 SBbc로 분류된다.

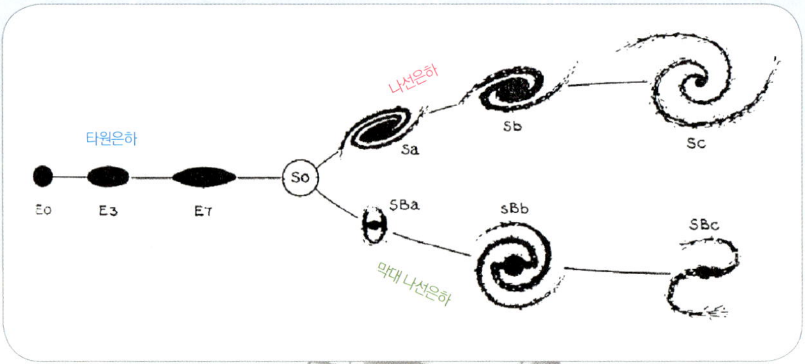

[그림 11] 허블의 은하분류 체계(Leverington, 1995)

은하는 우주를 이해하는 데 기초가 되는 매우 중요한 천체이다. 어떤 것은 구조가 단순하지만 어떤 것은 구조가 매우 복잡하다. 허블의 은하분류체계는 이러한 은하들을 이해하는 데 있어 초석이 되었다. 즉, 수많은 은하들을 나선은하, 타원은하로 분류하여 은하를 이해할 수 있는 개념틀을 제공한 것이다.

은하분류체계는 관측 자료가 많아짐에 따라 계속 정교해졌으며, 수년간의 노력 끝에 [그림 11]과 같은 은하분류체계가 이루어졌다. 관측 자료가 많아지고, 정확해질수록 은하들을 더 정확하게 분류될 수 있다. 예를 들어, 우리은하는 그동안 Sa형태인 나선은하로 분류되었으나 최근에 막대나선은하임이 밝혀져 SBbc로 분류되었다.

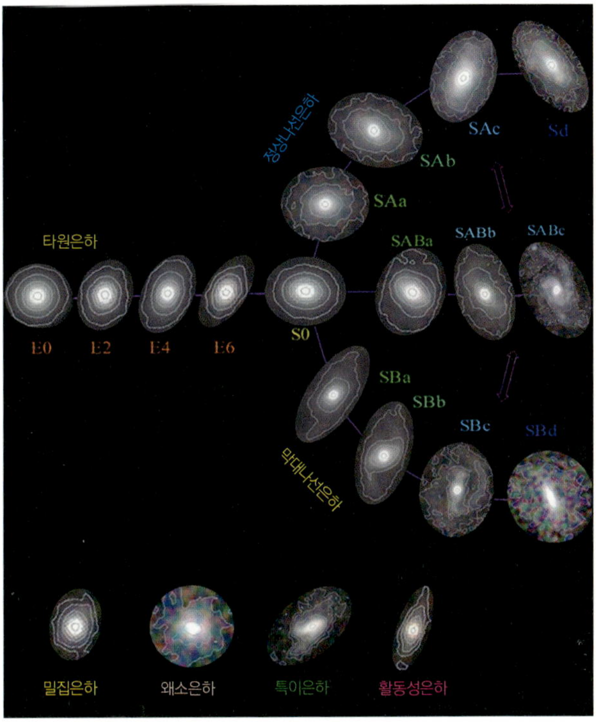

[그림 12] 근적외선 은하관측에 의하여 더 정교화된 허블은하분류
(http://en.wikipedia.org/wiki/Unbarred_spiral_galaxy)

또, 관측 기술의 발달도 관측 자료를 풍부하게 해 준다. [그림 12]는 근적외선 망원경으로 은하를 관측하여 풍부해진 은하 자료를 토대로 한 분류체계이다. [그림 11]과 비교했을 때 나선은하의 하위 항목이 정상 나선은하와 막대 나선은하, 그리고 이 둘의 중간형태의 나선은하로 더 세분화되었다. 또한 [그림 11]에서 나선은하는 형태에 따라 a~c까지 였으나 [그림 12]에서는 d 형태가 추가되었다.

3) 의사소통

독자 또는 청중이 알 수 있도록 사물의 성질을 기술하는 활동이다. 이때 언어, 그래프, 수식 등을 사용하여 데이터 간의 상관성이나 경향성을 기술한다. 이는 자신이 관찰하고 이해한 것을 다양한 형태로 변환하여 청중에게 제시할 수 있는 능력이며, 청중과 공유하기 위해 언어뿐 아니라 그림이나 수식 등의 기호를 활용한다. 다음은 의사소통의 예이다.

[그림 13]과 [그림 14]는 소용돌이은하로 메시에 목록 51번(M51)이다. [그림 13]은 영국의 천문학자 로스가 72인치 망원경으로 소용돌이 은하를 관측하여 그린 것이며 , [그림 14]는 소용돌이 은하를 사진 관측을 통해 촬영한 사진이다. 두 자료는 모두 관측대상을 기술하고 있으며, 이를 위한 의사소통자료로 그림([그림 13])과 사진([그림 14])을 활용하고 있다.

[그림 13] M51(Robbins, Jefferys, 1988)

[그림 14] M51 (Robbins, Jefferys, 1988)

이에 반해 [그림 15]와 [그림 16]은 관측 대상의 경향성 즉, 변화를 알려주는 자료이다.

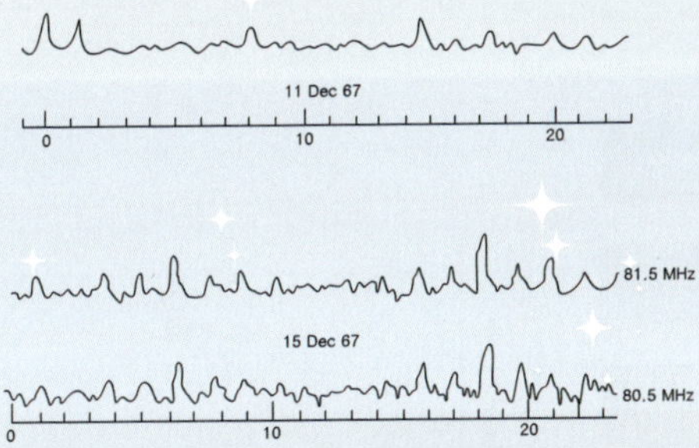

[그림 15] CP1919의 맥동주기
(Robbins, Jefferys, 1988)

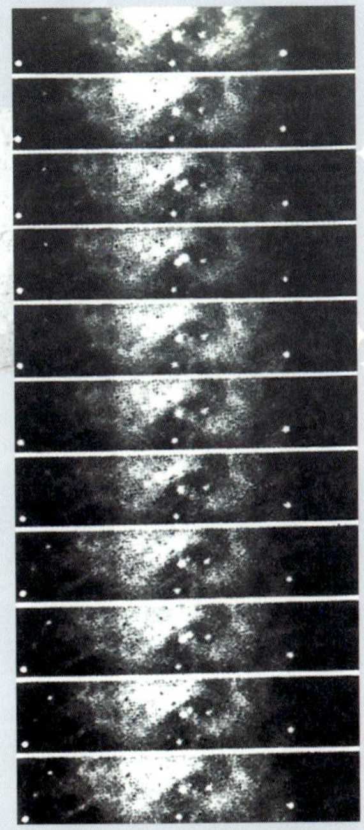

[그림 16] 게성운 중심에 있는 펄서
(Robbins, Jefferys, 1988)

버넬은 전파원의 섬광 현상을 연구하다가 1967년에 전파가 매우 정확한 주기로 맥동하는 전파원을 발견하였다. 이는 펄서라고 명명되었으며, 버넬이 발견한 전파원은 최초로 발견된 펄서로 현재 CP1919로 알려져 있다. CP1919의 맥동 주기는 약 1.33초이며, [그림 15]는 이를 나타내는 그래프이다. 펄서는 버넬에 의해 최초로 발견된 이후 현재까지 약 400여 개가 발견되었으며, 맥동 주기는 0.0016초에서 20분의 범위로 측정되고 있다(Karttunen, et.al. 2007). [그림 16]은 초신성의 잔해로 알려진 게성운의 중심을 관측하여 맥동하는 중심별을 찾아낸 사진이다. 이 펄서의 맥동 주기는 겨우 0.033초에 불과하다. 두 자료는 관측 대상의 경향성을 설명하려는 것이며, 이를 위한 의사소통자료로 그래프([그림 15])와 사진([그림 16])이 활용되고 있다.

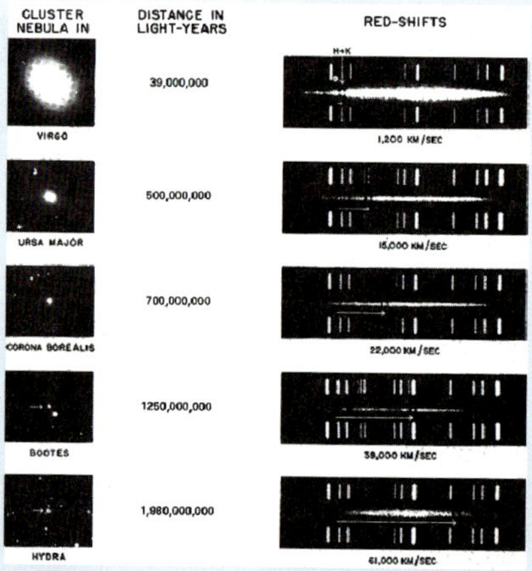

[그림 17] 여러 가지 은하의 거리와 스펙트럼
(Robbins, Jefferys, 1988)

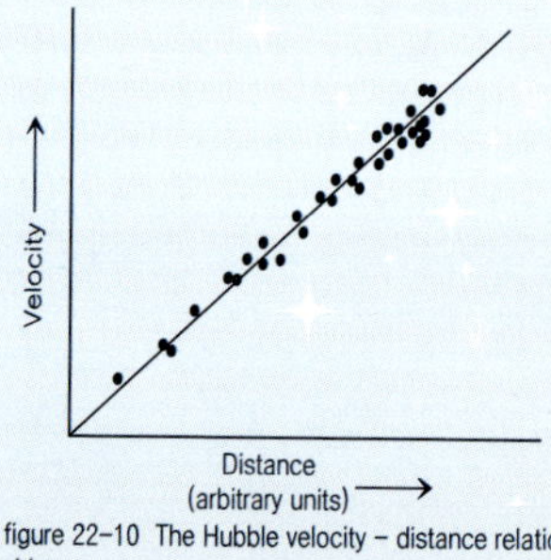

figure 22-10 The Hubble velocity - distance relation ship

[그림 18] 허블의 은하 후퇴속도와 거리와의 관계
(Robbins, Jefferys, 1988)

[그림 17]은 여러 종류의 은하들과 이들의 스펙트럼 사진이며, 각각의 거리가 제시되어 있어 거리에 따라 스펙트럼에서 적색편이가 나타나는 정도를 알 수 있다. [그림

18]은 [그림 17]의 자료를 그래프로 변형하여 은하의 거리와 은하가 멀어지는 속도 사이의 관계를 설명하고 있다. 즉, 관측 대상에서 얻은 두 가지 데이터 사이의 상관관계를 설명하고 있으며, 이를 위한 의사소통자료로 사진([그림 17])과 그래프([그림 18])를 활용하고 있다.

아래에 제시된 일련의 수식은 은하의 질량을 추정하는 과정을 나타낸다.

은하의 질량을 추정할 때는 계산에 앞서 두 가지 근사가 가정된다. 첫째 가정, 은하의 중심을 도는 태양의 궤도는 지구가 태양을 공전하는 모습과 같다. 둘째 가정, 우리 은하에서 태양 궤도의 안쪽에 모든 물질이 몰려 있다고 하는 근사이다.

은하의 질량을 추정하는 과정은 케플러의 제 3법칙을 이용하여 다음과 같이 설명할 수 있다.

$$\text{질량} = \frac{\text{거리}^3}{\text{주기}^2} \quad \text{(케플러 3법칙)}$$

$$\text{태양의 질량 } (M_\odot) = \frac{1\text{AU}^3}{1\text{년}^2}$$

태양이 은하의 중심을 도는 주기: 약 2×10^8년

태양과 은하의 중심까지 거리: 약 30,000광년(2×10^9AU)

$$\therefore \text{은하의 질량} = \frac{(2 \times 10^9)^3}{(2 \times 10^8)^2} = 2 \times 10^{11} M_\odot$$

이다. 두 가지의 근사를 가정하고 관측 데이터(주기, 거리)와 일반법칙(케플러의 법칙)을 이용하여 은하의 성질, 즉, 은하의 질량을 설명하고 있으며, 이를 위한 의사소통자료로 수식을 활용하고 있다.

4) 예상

데이터를 토대로 미래의 사건이나 현상을 추측하는 활동이다. 즉, 수집한 데이터를 해석하여 데이터 간의 관계나 규칙성을 발견하고 이를 근거로 앞으로 일어날 변화를 미리 판단하는 것이다. 다음은 예상의 한 예이다.

[그림 19]는 1986년에 촬영된 핼리혜성이다.

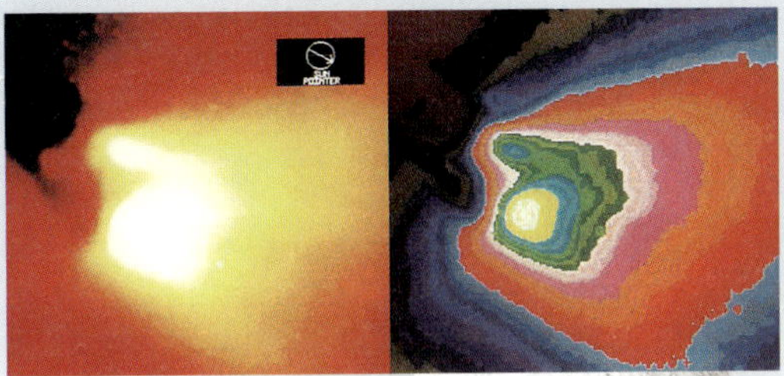

[그림 19] 핼리혜성의 코어 부분

이 혜성이 핼리혜성이라는 이름을 갖게 된 과정이 예상의 한 예이다. 실제로 혜성들은 예측하기 어려운 방식으로 나타나는데 일부는 규칙적으로 나타난다. 예를 들면, [그림 19]의 핼리혜성은 해왕성 저 너머에서 76년을 주기로 온다.

A.D.1066년 한 혜성이 헤이스팅스 전투에서 노르망디군이 승리하기 직전에 나타났고, [그림 20]의 바이외 태피스트리(Bayeux tapestry)에는 헤이스팅스(Battle of Hastings of 1066) 전투의 모습과 함께 혜성이 그려져 있다.

[그림 20] 바이외 태피스트리
(Robbins, Jefferys, 1988)

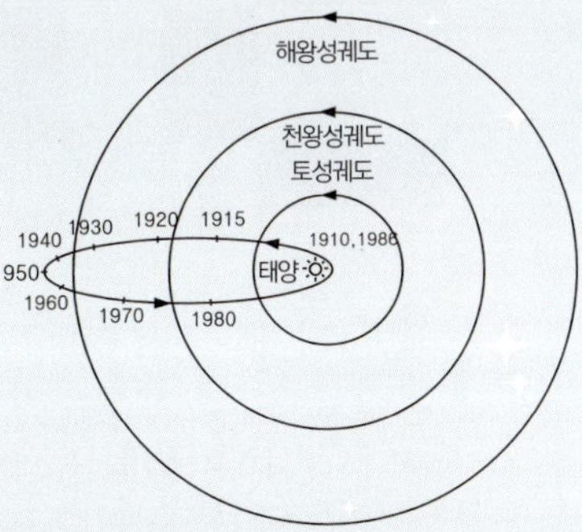

[그림 21] 핼리혜성의 궤도
(Robbins, Jefferys, 1988

1705년에 핼리는 뉴턴의 운동법칙을 이용하여 1682년에 나타난 혜성에 대해 궤도를 계산하여 주기가 약 76년인 것을 알아냈다. 그는 1531년, 1607년에 나타난 혜성이 실제로 같은 혜성이라는 것을 알아내고 1758년에 다시 나타날 것이라고 예상했다. 1758년에 실제로 혜성이 나타났으며 그의 예상을 기리어 이 혜성을 '핼리혜성'이라고 했다. 이 혜성의 주기성을 토대로 지난 기록에서 1066년 헤이스팅스 전투를 그린 바이외 태피스트리에 있는 혜성이 같은 핼리혜성이라는 것도 확인되었다. 핼리혜성에 대한 가장 오래된 관측 기록은 B.C. 239년 중국의 문헌에 남아 있다. 마지막으로 관측된 핼리혜성은 1986년으로 이 때는 여러 국가에서 발사한 우주선이 근접탐사를 하여 혜성의 핵도 관찰했다. 현재는 핼리혜성이 약 76년을 주기로 태양계 안쪽을 지나간다는 것이 밝혀져 있으며, 앞으로 핼리혜성은 2061년에 다시 나타날 것으로 예상하고 있다.

핼리는 데이터를 일반법칙에 적용하여 데이터의 주기성을 밝혀내고, 이를 근거로 앞으로 같은 데이터를 얻을 수 있는 시점을 예상한 것이다. 예상한 시점에 동일한 데이터가 관찰됨으로써 데이터의 주기성이 확인되었기 때문에 예상이 옳았음이 판명되었다. 그 결과, 주기성을 이용하여 과거의 시점에서 발생된 동일한 데이터를 찾는 것도 가능했다. 즉, 예상은 현재의 데이터로 앞으로 일어날 사건에 대해 설명하는 것이며, 예상의 옳음을 판단하는 기준은 미래의 사건이 설명대로 관찰이 이루어지는지 여부이다. 이와 같이 확인된 예상은 앞의 사례와 같이 이전에 일어난 사건을 확인하는 데도 유용하다.

5) 추리

데이터를 토대로 어떤 현상이 발생한 원인에 대해 논리적으로 설명하는 활동이다. 이때의 설명은 사실 자체가 아니라 사실 뒤에 숨은 내용이나 직접 지각할 수 없는 현상을 알아차리는 것으로, 배경지식을 활용하여 이미 발생한 상황의 원인을 이끌어내는 것이다. 다음은 추리의 예이다.

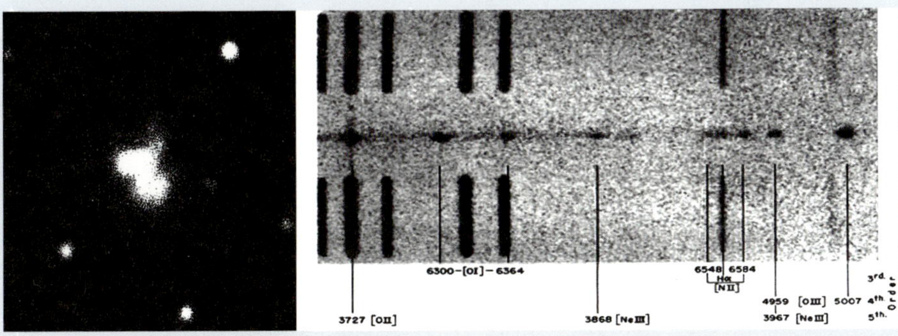

[그림 22] (a) 백조자리 A (Robbins, Jefferys, 1988)　(b) 백조자리 A의 스펙트럼 (Baade and Minkowski, 1953)

[그림 22]의 (a)는 1946년에 발견된 백조자리 A의 사

진으로 강력한 전파를 내는 은하이다. 1946년에 천문학자들은 백조자리 부근을 관측하다가 전파 강도가 주기적으로 변하는 천체를 발견하게 되었고, 2년 후 1948년에는 이 전파원의 크기가 8'(분)보다 작다는 것도 알게 되었다. 그러나 1951년에 캐번디시 연구소에서 간섭측정법의 사용으로 이 전파원의 위치가 정확하게 확인이 되고 나서 백조자리 A라고 명명되었다. 1954년 바데와 민코프스키(1953)는 사진으로부터 백조자리 A가 조석에 의해 변형된 두 핵을 가지고 있으며, 이는 나선은하 2개가 겹쳐져 보이는 것이라고 했다. 이들은 원반부라고 생각한 부분의 밀도 경사가 낮아 나선은하라고 판단한 것이다. 그리고 조석 변형된 정도로 보아 두 은하가 매우 가깝다고 판단했다. 한편, 백조자리의 스펙트럼사진([그림 22]의 b)에서는 연속스펙트럼은 거의 보이지 않고 강한 금지된 천이에 의한 방출선이 강하게 나타난다. 이들은 방출선의 적색편이를 통해 은하까지의 거리를 구하고, 이를 토대로 은하의 총 에너지가 매우 크다는 것을 알게 됐다. 이러한 사실들로부터 바데와 민코프스키는 두 은하가 초속 수㎞의 속도로 충돌하고 있다고 주장했다.

현재 백조자리 A는 최초로 발견된 점 전파원으로 외부 은하 중 가장 강력한 전파은하라는 것이 밝혀져 있다. 백조자리 A는 [그림 23]에서 보는 것과 같이 중심에 핵이 있고, 핵의 양편으로 대칭된 위치에 거대한 돌출부(lobe)가 있는 이중구조 전파원이다.

[그림 23] 백조자리 A의 전파지도(오른쪽 하단은 백조자리 A의광학 사진) (Seeds, 2001)

이와 같이 백조자리 A가 발견된 초창기에 천문학자들은 천체의 사진 자료와 스펙트럼자료에서 얻은 사실을 설명하기 위해 인접하게 붙어있어 보이는 각 천체 사이의 거리나 스펙트럼자료로부터 알아낸 에너지의 크기에서 의미를 찾았다. 바데와 민코프스키의 추리는 결과적으로 옳지 않은 것으로 판명되었지만, 앞의 예시에서 본 것과 같이 배경지식을 활용하여 관찰한 현상의 발생 원인을 논리적으로 설명하고 있다.

6) 변인설정

변인이란 어떤 상황 또는 계에 영향을 미치는 요인으로서 자연적으로 변화하거나 의도적으로 변화시킬 수 있는 것을 말하며, 변인설정이란 이러한 변인을 결정하는 활동을 말한다. 실험연구에서는 인과관계를 밝히기 위해 의도적으로 조작하는 조작변인, 일정하게 유지시켜야 하는 통제변인, 조작변인에 따라 변하는 종속변인을 결정한다. 다음은 변인설정의 한 예이다.

태양계 내의 행성과 위성, 그리고 소행성과 소행성의 작은 위성 등 단단한 표면을 가진 거의 모든 천체에는 크레이터가 발견된다. [그림 24]는 지구에 남아 있는 크레이터로 브레드포트 크레이터(a)는 직경이 약 250~300km로 최대이나, 베링거 크레이터(b)는 직경이 약 1.1km에 불과하다. [그림 25]는 태양계 내 행성인 수성이며, 표면에 크레이터가 있다. [그림 26]은 지구의 위성인 달의 표면이며, 이와 같이 위성에도 지구나 수성처럼 크레이터가 있다.

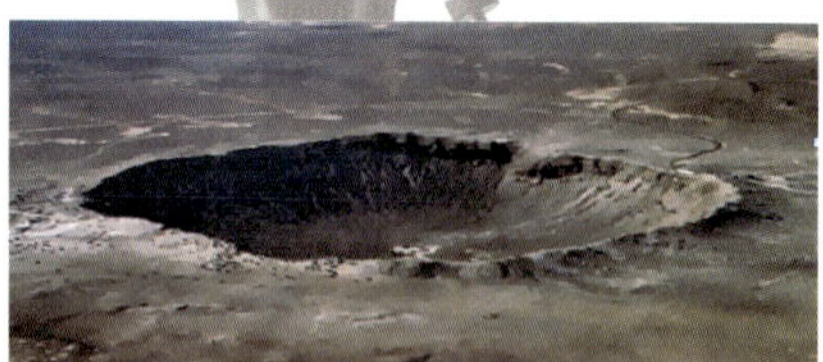

[그림 24] a. 브레드포트 크레이터 b. 베링거 크레이터
(a. http://earthobservatory.nasa.gov/IOTD/view.php?id=2737) (b. http://apod.nasa.gov/apod/ap990711.html)

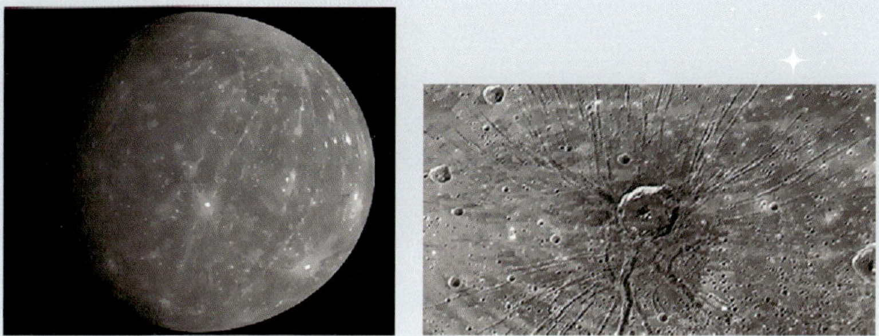

[그림 25] 수성 표면의 크레이터
(http://apod.nasa.gov/apod/ap081008.html) (http://apod.nasa.gov/apod/ap080204.html)

[그림 26] 달 표면의 크레이터
(http://apod.nasa.gov/apod/ap990419.html) (http://apod.nasa.gov/apod/ap010513.html)

지구를 포함한 행성들의 표면에 있는 크레이터의 성인은 운석 충돌에 의한 것이라고 받아들여지고 있다. 이러한 충돌 크레이터는 [그림 27]의 과정과 같이 미행성이나 혜성, 유성체 등이 천체 표면에 충돌하여 만든 움푹 파인 구덩이라는 것이다.

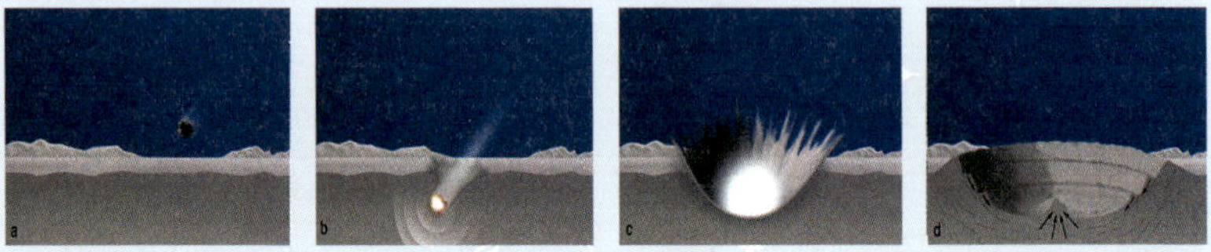

[그림 27] 크레이터 형성과정(Seeds, 2001)

충돌 크레이터는 주변의 표면보다 높은 가장자리로 둘러싸여진 움푹한 분지 형태이며, 가끔은 중심에 봉우리가 있는 경우도 있다. 운석이 행성에 충돌할 때의 속력은 15~60km/s로 아주 작은 크기의 운석이라도 매우 큰 에너지를 갖고 있으며, 그 결과 자신의 크기보다 훨씬 더 큰 크기의 충돌 크레이터를 만들어낸다. 크레이터의 크기는 매우 작은 미시적인 구멍을 포함하여 다양하다(Zeilik and Smith, 1987).

[그림 28]은 운석의 충돌로 충돌 크레이터가 생성되는 과정을 이해하기 위해 실험하는 모습을 나타낸다. 실험은 충돌 크레이터가 만들어질 때 충돌체의 속력과 입사각도에 의한 영향을 밝히려고 설계된 것이며, 실험방법은 다음과 같다.

〈실험 방법〉

1. 회반죽을 만들어 박스에 담는다.

2. 회반죽의 표면에서 높이 50㎝되는 지점에서 구슬을 떨어뜨리고 이때 생긴 크레이터를 표시한다.

[그림 28] 운석 충돌 실험
(Sager, et al., 2002)

3. 높이를 25㎝, 1m로 달리하여 구슬을 떨어뜨리고, 각 경우에 생긴 크레이터를 표시한다.

4. 위 실험에서 사용한 구슬보다 더 큰 구슬을 1m높이에서 떨어뜨리고 이때 생긴 크레이터를 표시한다.

5. 회반죽이 담겨있는 박스를 30°기울인 채 표면에서 높이 50㎝되는 지점에서 구슬을 떨어뜨리고 이때 생긴 크레이터를 표시한다.

6. 박스의 기울기를 45°로 하여 방법 5를 반복한다.

방법 1에서 박스에 담은 회반죽은 천체의 표면이며, 사용하는 구슬은 운석과 같은 충돌체를 나타낸다. 방법 2~4는 구슬을 떨어드리는 높이와 질량을 달리하여 구슬의 속력을 변화시키고 있으며, 방법 5와 6은 박스의 기울기를 달리해서 구슬의 입사각을 변화시키고 있다.

실험에서 구슬의 속도와 입사각은 독립변인이다. 실험

방법에서 구슬의 높이와 질량을 다르게 조작하는 과정은 독립변인 중 구슬의 속도를 조작변인으로 설정한 것이며(방법2~4), 이때 나머지 독립변인인 구슬의 입사각은 통제되는 변인이 된다. 박스의 기울기를 조작하는 과정은 구슬의 입사각을 조작변인으로 설정한 것이며(방법 5, 6), 이때 나머지 독립변인인 구슬의 속도는 통제되는 변인이 된다.

이 사례에서 크레이터 형성의 원인을 밝히기 위해 의도적으로 조작할 조작변인을 설정하고, 이를 조작하는 동안에는 나머지 독립변인이 통제되고 있음을 알 수 있다.

7) 변인통제

실험의 결과에 영향을 주는 여러 독립변인 중 조작변인 이외에는 변화시키지 말아야 한다. 이와 같이, 변화시키지 말아야 하는 독립변인을 변하지 않게 하는 것을 변인통제라고 한다. 이때 통제된 변인은 실험하는 동안 계속 일정하게 유지되어야 한다. 다음은 실험실에서 이루어지는 변인통제는 아니지만, 천문학에서 정확한 데이터를 얻는 데 방해가 될 가능성이 있는 것들을 통제하는 과정을 설명한 것으로 변인통제의 한 예가 될 것이다.

1930년대는 우주가 팽창하고 있다는 것이 이미 밝혀져 있었을 때이다. 가모프는 우주가 팽창한다면 과거의 우주는 현재의 우주보다 작았을 것이라고 생각하였고, 만약 그렇다면 우주는 과거에 밀도가 아주 높고 온도도 높았을 것이라고 생각했다. 가모프는 알퍼와 헤르만과 함께 현재로부터 시간을 거꾸로 돌려 우주 초기의 상태를 알아낸 다음, 반대로 시간을 천천히 앞으로 흘러가게 하면서 어떤 일이 일어나는지를 조사했다. 결과로 이들은 초기 우주가 급격히 팽창하면서 최초 300초 만에 우주의 모든 원자핵이 만들어졌다는 '빅뱅이론'을 발표했다. 이 이론이 맞으면 최초에 우주를 달리기 시작한 빛은 지금도 달리고 있어야 하며, 우주가 팽창함에 따라 이 빛은 파장이 길어져 눈으로 볼 수 없는 마이크로파가 되어 있을 것이다. 이 전자기파가 바로 우주배경복사이다.

우주배경복사는 펜지아스와 윌슨에 의해 발견되었다. 펜지아스와 윌슨은 전파천문학이 발전되는 시기에 벨연구소에서 천체로부터 오는 전파를 분석하는 연구를 하였다. 이때 안테나에 잡히는 잡음을 모두 확인하여 제거해야 했는데, 이때 잡음이란 천체에서 오는 전파 이외의 모든 신호를 말한다. 이들이 잡음을 점검한 방법은 은하가 없어서 아무런 전파 신호도 오지 않을 것이라고 생각되는 지점을 향하도록 전파망원경의 방향을 조정하고, 이 방향에서 잡히는 모든 신호를 잡음이라고 생각했다. 그런데 아무런 천체가 없는 방향인데도 잡음이 잡혔고, 이들은 이를 제거하려고 노력했다. 이들은 이 잡음이 망원경과는 아무 관계가 없고 멀리 있는 도시나 근처에 있는 전기기구가 내는 것으로 생각하여 주변에서 전파를 내고 있는 곳을 먼저 조사했다. 주변을 향해 안테나의 방향을 바꾸었을 때 이 잡음은 증가하거나 감소하지 않았다. 그리고 관측 방향과 시간을 달리해도 이 잡음은 언제나 똑같이 잡혔다. 그래서 다음으로 한 일은 망원경 자체가 만들어내는 잡음에 대해 조사했다. 전파망원경은 자체적으로 전파를 낼 가능성이 있는 많은 부품으로 구성되어 있기 때문에 모든 부품을 조사하였다. 심지어는 이미 아무 문제가 없었던 연결부분도 알루미늄테이프로 감쌌다. 이는 알루미늄테이프와 같은 도체로 감싸면 전파가 나오지 않기 때문이다. 또 안테나 안쪽에 둥지를 튼 한 쌍의 비둘기의 배설물이 잡음의 원인일지 모른다고 생각하고 새를 멀리 보내고 안테나가 반짝반짝 빛날 때까지 닦아냈다. 이 작업은 몇 년 동안 진행되었고 배선을 새로 하여 잡음을 줄이려고 계속 노력했다. 그럼에도 불구하고 잡음이 아주 없어지지 않았으며, 마침내 이들은 이 잡음을 받아들이기로 했다. 1965년 펜지아스와 윌슨은 자신들이 발견한 이 잡음이 우주배경복사임을 발표하였고, 이로써 빅뱅우주론을 뒷받침하는 증거가 발견된 것이다(곽영직, 2006).

두 과학자가 안테나에 잡히는 잡음과 우주배경복사와의 관계를 밝히려고 전파를 분석하는 연구를 한 것은 아니다. 그렇지만 천체에서 오는 전파를 연구하기 위해 잡음을 제거하려고 했고, 잡음이 생겼을 때 이를 모두 제거하려고 노력한 일련의 과정은 정확한 데이터를 얻는 데 방해가 될 것 같은 요인을 통제하려는 것이다. 물리 실험실에서 이루어지는 변인통제와는 차이가 있겠지만, 관측하고자 하는 전파 이외의 다른 전파가 함께 검출되는 것을 제거하려는 노력도 이와 다르지 않다.

8) 가설설정

가설설정은 현상의 원인에 대하여 잠정적인 설명을 하는 활동으로, 변인들 간의 관계를 진술한 명제로 표현된다. 이 명제는 독립변인과 종속변인으로 구성되어 있으며, 검증 가능한 것이라야 한다. 다음은 가설설정의 한 예이다.

우주에 대한 생각은 2000년이 넘도록 고대 철학자들의 몇 가지 생각에 큰 영향을 받았다. 고대 그리스 철학자 플라톤은 하늘을 완벽하다고 하였으며, 기하학적으로 가장 완벽한 형태는 구형이고 가장 완벽한 운동은 등속 운동이기 때문에 완벽한 하늘에서 일어나는 모든 움직임은 등속으로 원운동한다고 주장하였다. 플라톤의 제자 아리스토텔레스는 지구는 하늘과 달리 완전하지 않으며 우주의 중심에 놓여있다고 했다. 이를 지구 중심 우주라고 한다. 지구 중심 우주는 [그림 29]와 같이 각각 다른 속도로 등속 원운동하는 55개의 구로 이루어져 있으며, 이들이 7개 천체(달, 수성, 금성, 태양, 화성, 목성, 토성)를 운반한다는 것이다.

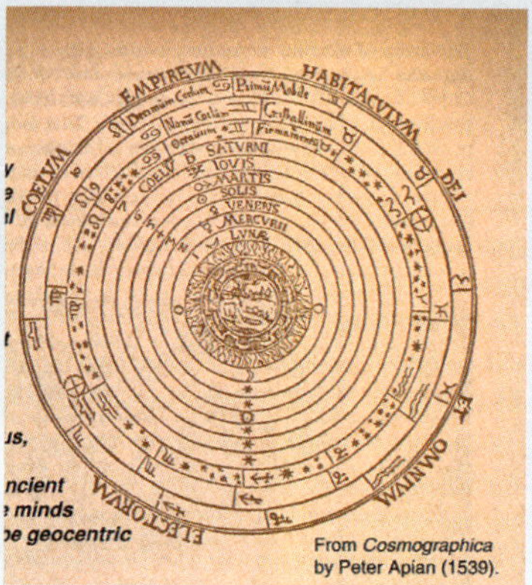

[그림 29] 지구 중심 우주(Seeds, 2004)

고대 철학자들의 이와 같은 생각을 토대로 당시 고대인들은 우주의 모습과 천체의 운동에 대해서 "별의 시차가 측정되지 않기 때문에 지구가 움직이지 않는다는 것이 명백하며, 따라서 지구는 우주의 중심에 있고 천구가 등속 원운동으로 돌고 있다."고 믿었다(Seeds, 2004).

이 기록은 지구 중심 우주관으로 우주를 설명하게 된 이유를 별의 시차가 측정되지 않는다는 점을 제시한 것으로, 가설이라고 볼 수 있다. 이 가설을 변인들 간의 관계를 진술하는 명제로 표현하면, "우주의 중심이 지구이고 천구가 지구를 중심으로 등속 원운동을 한다면 별의 시차는 측정되지 않는다."가 된다. 전건 '우주의 중심이 지구이고 천구가 지구를 중심으로 등속 원운동한다.' 가 참이라고 했을 때, 후건 '별의 시차는 측정되지 않는다.'가 거짓이면 이 명제는 거짓이 된다. 즉, 별의 시차가 측정되거나 측정되지 않는 것으로 이 가설을 검증할 수 있다. 1543년에 코페르니쿠스는 태양이 중심에 있고 지구가 운동하는 태양 중심 우주관으로 우주와 천체에 대해 설명하였다. 그러나 앞에서 설명한 것처럼 고대부터 지구가 움직인다면 별의 시차가 측정되어야 한다고 믿어 왔기 때문에 천문학자들은 계속 별의 시차를 찾으려고 노력했다. 덴마크의 천문학자 티코 브라헤(1546-1601)는 육분의 등을 활용해 별의 시차를 측정하여 우주관을 검증하려고 했으나, 별의 시차가 측정되지 않자 태양 중심 우주관을 거부하였다. 1609년에 갈릴레오 갈릴레이는 최초로 망원경으로 천체를 관측하여 천체에 대해 새로운 사실들을 알아냈다. 그가 관측한 금성의 위상과 크기변화, 목성의 위성 발견 등은 지구 중심 우주관으로는 설명이 잘 되지 않는 것이어서 점점 지구 중심 우주관을 믿지 않는 천문학자들이 많아졌다. 갈릴레이의 망원경 관측결과에 의한 이와 같은 영향에도 불구하고, 당시의 기술로는 별의 시차를 측정하지 못했기 때문에 위 가설이 완전히 검증된 것은 아니다. 1727년 영국의 천문학자 브래들리는 시차현상을 찾다가 우연히 광행차현상을 발견하였으며, 1838년 독일의 천문학자 베셀이 마침내 백조자리 61의 시차를 측정했다. 광행차현상과 별의 시차현상은 모두 관측자가 운동함으로써 나타나는 천체의 겉보기 운동이므로, 지구가 우주의 한 가운데에 정지해 있는 것이 아님을 알 수 있다. 이로써 고대철학자들의 지구 중심 가설은 옳지 않은 것으로 검증되었다.

시차가 측정되지 않는 현상을 이유로 지구가 중심에 있는 우주의 모습을 가설 설정한 것으로 볼 때 지구 중심 우주관이라면 시차가 측정되지 않아야 한다. 따라서 시차가 측정됨으로써 지구 중심 우주관이 부인되는 것은 논리적으로 타당하다. 즉, 위 가설에서는 시차를 측정하는 것이 가설을 검증하는 방법이 되고, 시차의 측정 여부로 가설이 검증될 수 있다.

3. 데이터의 분석과 해석

질문을 해결하여 지식을 도출하기 위해서는 수집된 데이터를 분석하고 해석하는 과정을 거쳐야 한다. 왜냐하면 지식은 경험 데이터를 수집한 것만으로 충분하지 않으며, 이 경험 데이터를 분석하고 해석하여 통찰이 이루어져야 얻어지기 때문이다. 데이터를 분석하고 해석할 때에는 추론이 사용되며(Murphy, 1990; Zimmerman, 2000; Germann et al., 1996a), 이때 상상력과 창의성도 함께 사용된다(Woolnough, 1997).

데이터 분석은 데이터를 질적 데이터와 양적 데이터로 구분하여, 질적 데이터는 요약하거나 표나 그림으로 표현하고 양적 데이터는 표나 그림으로 표현한 후 그래프나 수식 등으로 변형한다(Krajcik et al., 1998). 보엔과 로스(2005)에 의하면, 표는 데이터 간의 관계를 함축하여 나타내는 것이라면 그래프나 수식 등은 데이터의 경향을 드러내므로 표에 비해 데이터 간의 관계를 더욱 쉽게 인지할 수 있게 한다. 이와 같이 데이터를 그래프나 수식 등으로 변형하는 것이 데이터를 언어적으로만 분석하는 것보다 변인 간의 관계를 파악하기 쉽다(Penner & Klahr, 1996; Bowen & Roth, 2005). 따라서 어떤 종류의 데이터든지 데이터를 표로 표현하는 것은 과학적 탐구 과정을 반성하는 기회를 갖는 것이며, 데이터를 그래프나 수식 등으로 변형하는 것은 데이터의 경향이 드러나도록 하는 것이므로 탐구를 통하여 지식을 얻기 위해서는 반드시 거쳐야 하는 과정이다(Wu & Krajcik, 2006).

1) 사진

직접 촬영한 사진은 실제와 거의 같은 것으로 대상에 대한 경험 정보를 제공한다. 그러나 보는 이에 따라 다양한 방식으로 해석될 수 있으므로, 연구자가 특정한 의미를 전달하려고 사진을 제시하였더라도 그 의도대로 전달되지 않는 경우가 발생한다. 그럼에도 불구하고 사진은 대상의 특징을 나타내는 데 유용하다. 이는 사진을 통해 대상을 쉽게 인식할 수 있기 때문이다. 그리고 사진은 언어로 기술하기 어렵거나 언어적 기술이 불가능할 정도로 많은 시각적 특징을 가진 대상을 나타내는 데 아주 유용하다. 또 어떤 용어의 의미가 되는 개념이 나타내는 특징을 잘 보여주려고 할 때 사진을 사용하면 그 용어의 개념이 쉽고 명확해진다. 이 밖에도 같은 부류이지만 형태 또는 구조가 다양한 대상들은 사진으로 나타내는 것이 적합하다. 다음은 사진으로 특징을 제시한 예이다.

행성상 성운

사진은 신성 폭발 후 생성된 행성상 성운의 다양한 형태를 보여준다.

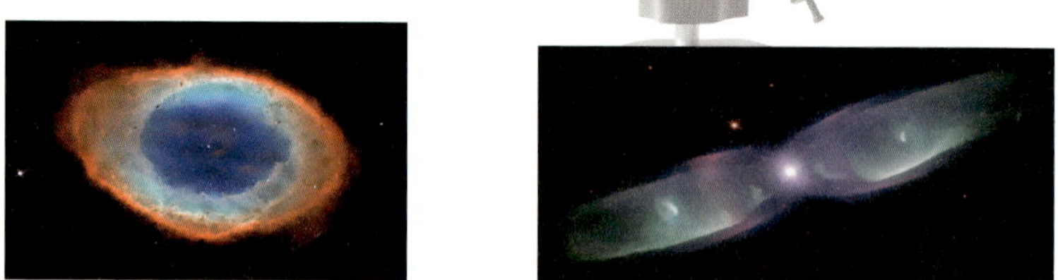

[그림 30] (a) M57 (http://apod.nasa.gov/apod/ap130605.html)
(b) M2-9 (http://apod.nasa.gov/apod/ap971223.html)

(c) NGC6543
(http://apod.nasa.gov/apod/ap120826.html)

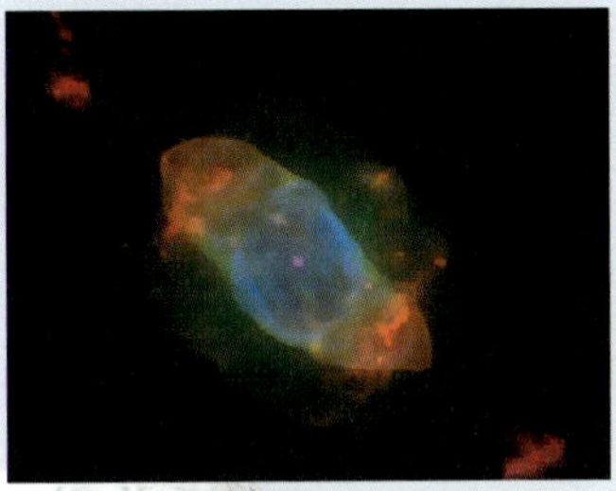

(d) NGC7009
(http://apod.nasa.gov/apod/ap971230.html)

행성상 성운은 태양과 비슷한 질량을 가진 별이 주계열성을 떠나 거성이 되었을 때 대기가 팽창한 것이다. 이름과 달리 행성과는 관련이 없다. 사진을 관찰해보면 중심에 별이 있고, 그 별 주변에 기체가 둘러싸고 있는 모습이다. 이들 천체까지의 거리와 시지름(상의 크기)으로 이들의 반지름을 구할 수 있는데, 행성상 성운의 평균 반지름은 대체로 0.1광년~3광년 정도이다. 위 사진 자료에 더하여 이들의 스펙트럼 자료가 주어지면 성운에서 나오는 방출선의 세기를 분석하여 성운의 밀도를 알아내고, 도플러 이동을 분석하여 성운이 중심별로부터 팽창해나가는 속도를 알아낼 수 있다. 대체로 성운을 이루는 기체들은 밀도가 낮으며, 10~20km/s의 속력으로 팽창하고 있다. 행성상 성운의 반지름을 팽창속도로 나누면 이들의 나이도 구할 수 있는데, 대체로 1,000~10,000년의 나이로 분포하고 있다. 이와 같이 사진에 나타난 시각적 정보는 다른 개념을 사용하여 더 분석될 수 있으며, 분석 결과 대상의 특징을 더 자세하게 알아낼 수 있다.

살펴본 것처럼 행성상 성운은 많은 시각적 특징을 가지고 있을 뿐만 아니라 형태 또는 구조가 다양하다. 따라서 행성상 성운을 언어로만 기술하기보다는, [그림 30]과 같이 사진을 여러 개 제시해 주면 행성상 성운에 대한 개념을 이해하는 데 도움이 된다.

2) 그림

사진기술이 발달하기 이전의 천문학자들은 특정한 시간과 장소에서 관찰한 대상을 그림으로 나타내었다. 그림은 관찰 대상에 대하여 섬세하게 기술하기보다는 연구자가 대상에 대해 인지하고 해석한 의도를 드러낼 수 있는 특징을 부각시켜 기술한 것이다. 그러므로 그림에는 연구자가 원하는 특성 외에 불필요한 요소들이 제거되어 있을 수 있다. 물론 그림으로 기술된 특징에 대한 해석은 저자가 의도한 것과 다를 수도 있지만, 그림은 환원주의적 특성을 가지고 있기 때문에 대상의 특이한 특징을 나타내려 할 때 적합하다. 환원이 많이 된 그림은 대상의 경험적 특성은 덜 기록되고 점점 대상에 대한 일반화 또는 가설적 상태를 나타내게 된다(Zimmermann, 2000). 다음은 관찰한 대상을 그림으로 나타낸 예이다.

티코 브라헤의 신성 관측

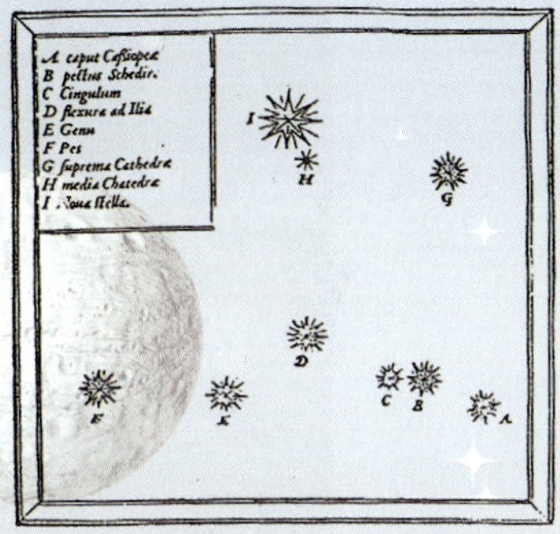

[그림 31] 티코의 신성(Thoren, 1989)
신성이 카시오페이아 별자리의 H별 주변에서 밝게 빛나고 있다.

티코 브라헤는 1572년 11월 밤 하늘에서 그동안 보지 못했던 별 하나를 카시오페이아 별자리 주변에서 발견하였으며, 이 별에 대해 자세하게 기록하여 남겼다. [그림 31]은 기록 중 일부로 새롭게 발견한 별을 카시오페이아 별자리와 함께 그림으로 나타내어 그 별의 위치와 밝기를 쉽게 알아볼 수 있게 했다. 또 그림에 기록된 카시오페이아 별자리를 이루는 별에 대한 정보는 새롭게 발견한 별의 위치를 설명하는데 도움이 된다. 그는 1573년에 이 별을 '신성'이라고 결론지었으며, 이 신성은 현재 초신성으로 분류되어 있다.

[그림 31]은 티코 브라헤가 특정 시간과 특정 장소에서 관측한 신성의 위치와 밝기를 보여주고 있다. 그러나 그림에는 관측 대상에 대해 그가 기록으로 남기려고 의도한 정보 외에 밤하늘에서 볼 수 있는 주변의 다른 현상들은 모두 제거되어 있다.

신성이 생성되는 과정

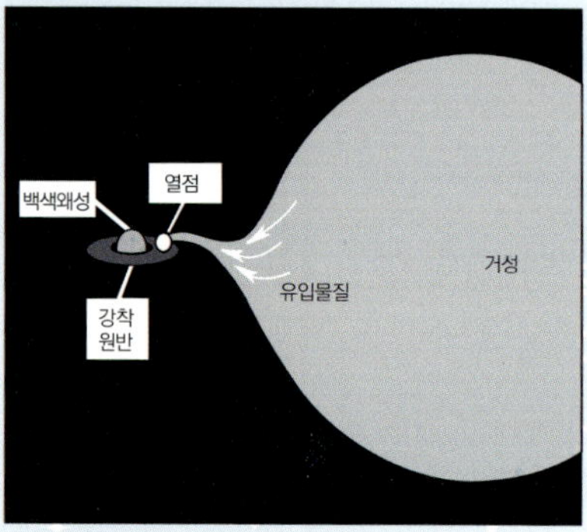

[그림 32] 쌍성계에서 별들의 상호작용에 의한 신성 생성을 나타내는 모델 (Robbins & Jefferys, 1988)

쌍성계에서 백색왜성과 백색왜성의 동반성이 서로 궤도를 그리며 돌고 있을 때, 두 별 사이의 거리가 가깝다면 한 별의 물질이 다른 별로 이동이 가능하다.

[그림 32]는 거성과 백색왜성이 서로 매우 가까운 거리에 있는 쌍성계를 나타낸다. 거성은 질량이 크기는 하지만 그 크기가 매우 크기 때문에, 거성의 표면 중력은 질량이 작지만 크기도 매우 작은 백색왜성의 표면 중력과 거의 같아진다. 이때, 백색왜성은 거성의 가장 바깥 부분의 물질을 끌어당기게 되고 그 결과 물질이 백색왜성 쪽으로 흘러 들어온다. 이때 두 별은 동주기 자전으로 서로 같은 표면을 마주 보고 있지만 거성에서 흘러나오는 물질은 백색왜성의 표면에 바로 떨어지지 못하고 빗겨 떨어진다. 그 결과, 이 물질은 백색왜성 근처에서 나선으로 돌면서 원반 형태를 이루게 되고 계속해서 백색 왜성

주변의 원반에 충돌한다. 충돌이 계속 일어나는 부분을 열점(hot spot)이라고 하는데, 열점에서는 충돌로 많은 양의 에너지가 발생된다. 원반을 이루는 물질 중 일부는 백색왜성의 표면에 가라앉아 백색왜성 표면에 얇은 층을 이루는데, 이는 대부분 수소 원자 기체이다. 백색왜성의 매우 높은 표면온도와 거성으로부터 흘러온 물질이 충돌하면서 발생되는 에너지 때문에 백색왜성 표면의 온도는 계속 높아지게 되어, 마침내 표면에 쌓인 수소 기체를 핵융합시킬 수 있게 된다. 이때 수소 핵융합반응이 폭발적으로 일어나게 되면 원반 물질과 백색왜성 표면의 얇은 층을 이루는 물질의 일부가 우주로 분출되어 날아간다. 이것이 신성으로 관측되는 것이다.

[그림 32]는 신성을 관측하면 얻게 되는 여러 사실들과 가장 잘 부합하는 쌍성계 모델로써, 실제로 쌍성계에서 신성이 발견되고 있다. 이 모델은 주기적이거나 비주기적인 신성이 생성되는 과정을 일반화한 것이며, 이러한 일반화 또는 가설적 상태로 나타낼 수 있는 것은 그림의 환원주의적 특성에 의한 것이다.

3) 그래프

그래프는 사진이나 그림과 달리 의미가 모호하게 전달되지도 않고, 다양한 해석을 할 여지가 없다. 그래프는 2차원의 좌표 면에 정보를 표시하여 의미를 전달하는 것으로, 2차원 내에 나타낸 표식으로부터 변인들 간의 관계를 즉각적으로 인지할 수 있게 한다. 이러한 즉각적인 인지는 그래프의 x축과 y축에 변인이 명확하게 제시되어 있어서 가능하다.

그래프의 좌표 면에 나타내는 표식으로는 점, 선, 면이 있다. 점은 x와 y값에 해당하는 좌표를 나타내는 것으로 좌표 면에서 점이 차지하는 면적과는 일반적으로 관계가 없다(Zimmermann, 2000). 점의 크기를 달리하여 제 3의 변인을 나타내기도 하는데, 이는 변인들 사이의 3차원적인 관계를 2차원의 좌표에 표현한 경우에 해당한다. 다음은 표식을 점들로 구성한 그래프의 예이다.

구상성단의 H-R도

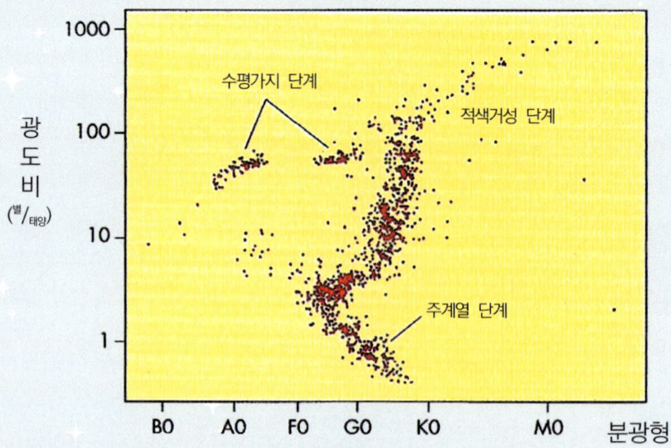

[그림 33] M3성단의 H-R 도 (Fix, 2004)

[그림 33]은 구상성단 M3의 H-R도이며, 이 성단을 구성하는 별은 주계열 단계, 적색거성 단계에 주로 분포하고, 일부는 수평가지 단계에 분포하고 있다. 이 그래프에서 표시된 점은 H-R도에서 구상성단 M3를 이루고 있는 별들의 분광형과 광도 사이의 관계를 나타낸다. 즉, 그래프의 각 점은 x축인 분광형과 y축인 광도비(별의 광도/태양의 광도)에 해당하는 좌표이며, 점의 크기는 어떠한 정보도 가지지 않는다.

그러나 [그림 34]에 제시된 H-R도를 보면, H-R도상의 위치에서 같은 물리량(분광형-절대등급)을 갖는 별들의 개수를 점의 크기를 달리하여 표현하고 있다. 따라서 이 그래프를 보면 얼마나 많은 개수의 별들이 주계열 단계와 적색거성 단계에 있는지를 알 수 있다. 즉, 그래프의 각 점은 x축인 분광형과 y축인 절대등급에 해당하는 좌표를 나타낼 뿐 아니라, 점의 크기로 각 좌표에 해당하는 별의 개수라는 변인도 나타내고 있다.

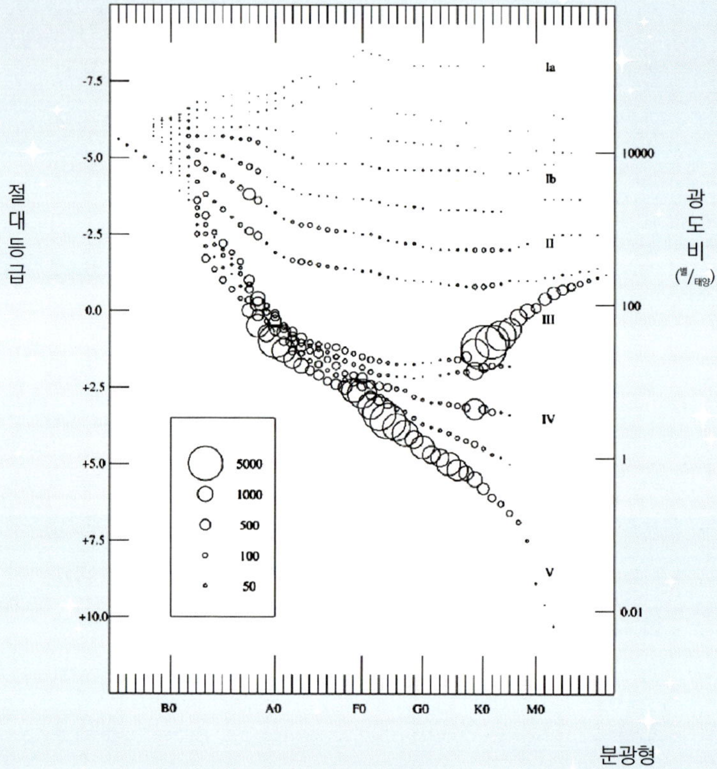

[그림 34] H-R 도
(http://www.astronomy.gatech.edu/Research/Michigan/HR_Diagram.gif)

선은 좌표에 데이터의 연속성을 표시한 것으로 선의 두께는 의미에 영향을 주는 요소가 아니다(Zimmermann, 2000). 다음은 그래프에서 표식을 선으로 나타낸 예이다.

신성의 밝기 변화

신성은 거성과 쌍성계를 이루는 백색왜성의 표면에서 수소 핵융합반응이 폭발적으로 일어나 매우 밝게 관측되는 것으로, 폭발한 후 몇 시간 또는 며칠 내에 밝기가 최대가 되고 이후에는 몇 달 또는 몇 년에 걸쳐서 점차 희미해진다. 1975년 8월에 백조자리에서 관측된 신성은 다음날 원래 밝기보다 약 2백만 배 밝아져 1.7등급으로 최대 밝기가 된 후 1주일 만에 맨 눈으로는 관측할 수 없을 정도로 빠르게 희미해졌으며, 약 680일 후 12.5등급이 되었다. 이와 달리 1967년 8월에 돌고래자리에서 관측된 신성은 9월 중순 경에 약 4.6등급으로 최대 밝기가 된 후 약 10년에 걸쳐 아주 느리게 희미해졌다. 다른 신성들에 비해 백조자리에서 관측된 신성은 밝기가 매우 빠르게 감소하였고, 돌고래자리에서 관측된 신성은 밝기가 매우 느리게 감소하였다.

이와 같이 신성에 따라 밝기가 감소하는 정도나 시간에는 차이가 있다. 신성의 이러한 밝기 변화는 불연속적으로 일어나는 것이 아니라 시간에 따라 연속적으로 일어나므로, 신성이 나타난 이후 시간의 경과와 신성의 밝기 데이터를 그래프로 나타내려고 할 때는 [그림 35]와 같이 선으로 표시하여 연속적인 사건임을 나타낸다.

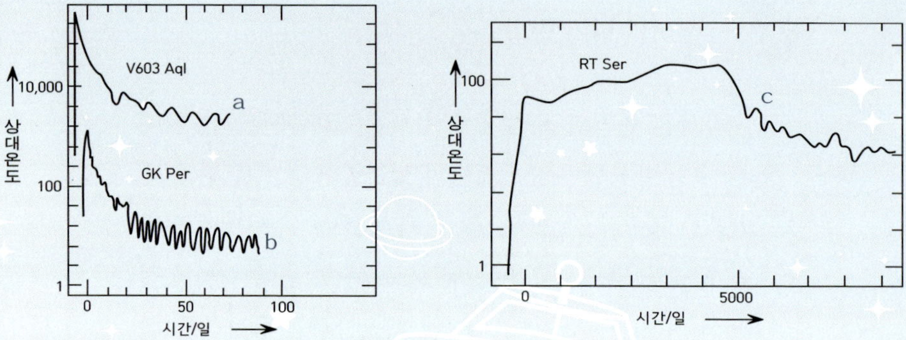

[그림 35] 시간에 따른 신성의 밝기 변화(Robbins, Jefferys, 1988)

a: 밝기가 매우 빠르게 변하는 신성 b: 밝기가 빠르게 변하는 신성 c: 밝기가 매우 느리게 변하는 신성

이 그래프에서 선은 시간에 따른 신성의 밝기 변화를 나타낸 것이며, 선의 두께는 의미를 갖지 않는다.

면은 좌표에서 그려진 선에 둘러싸인 전체 영역을 의미한다. 다음은 그래프에서 표식을 면으로 나타낸 예이다.

파장에 따른 적외선별과 태양의 밝기

별의 진화 과정을 나타내는 H-R도상에서는 점근 거성 가지(AGB) 단계가 있으며, 이 단계에서 별은 크기와 밝기가 점점 증가한다. 크기가 증가함에 따라 별 표면의 중력이 매우 작아지게 되고 마침내 별의 바깥층 물질은 우주로 퍼져나가게 된다. 이 물질은 우주로 퍼져가면서 점점 식어 저온의 기체로 이루어진 먼지 구름이 되면서 중심에 있는 별빛을 막는다. 한편 이 단계에서 별의 밝기는 점점 증가하는데, 나중에 중심에 남아있는 별의 밝기는 태양의 약 105배만큼 더 밝다. 그런데 이처럼 밝아진 이 단계의 별이 1960년대까지 잘 알려지지 않았는데, 그 이유는 이 별 주변에 있는 먼지 구름이 이 별에서 나오는 빛을 흡수하여 재복사하였기 때문이다. 재복사되어 나오는 빛은 온도가 낮아 거의 대부분 적외선 영역의 파장을 가지므로 약 40년 전 쯤에야 비로소 탐구되기 시작하였다.

[그림 36]은 전자기파 중 적외선과 가시광선에 대해서 파장과 밝기 관계를 나타낸 그래프이다. 태양에서 방출되는 에너지는 대부분 가시 영역이므로 눈으로 볼 수 있지만, 적외선별에서 방출되는 에너지는 거의 대부분 적외선 영역이므로 눈으로 볼 수 없다.

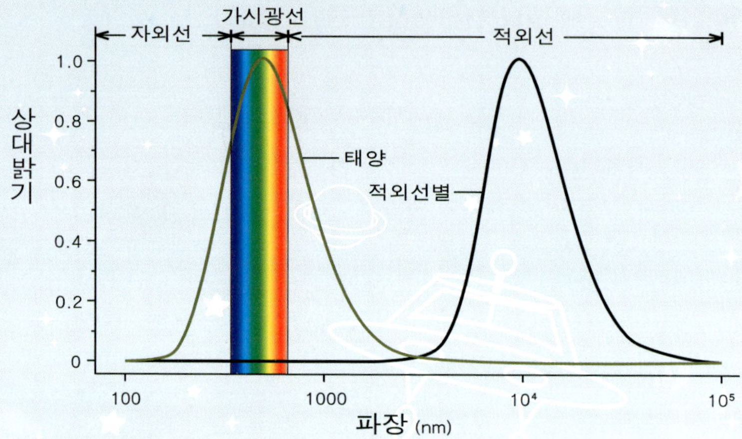

[그림 36] 태양과 적외선별의 스펙트럼(Fix, 2004)

[그림 36] 그래프에서 X축은 파장이고 Y축은 파장에 따른 상대적인 밝기이다. 이때, 천체의 밝기 플럭스(flux)는 일정한 파장 영역에서 그래프에 표시된 선과 그 아래에 있는 영역을 모두 포함한다.

주계열성 내부에서 수소의 분포량

별의 진화에서 주계열 단계는 별 중심에서 수소 핵융합반응이 일어나는 시기이다. 이때는 다른 단계에 비해 핵융합반응이 가장 천천히 일어나기 때문에 별의 일생 중 가장 긴 기간이다. 주계열 단계의 별은 질량, 크기, 온도, 광도, 내부 구조 등이 서로 다르지만 공통점은 이들 모두 중심에서 수소가 핵융합하여 헬륨으로 전환되면서 에너지를 생성하고 있다는 점이다.

[그림 37]은 주계열 단계에서 태양과 비슷한 질량의 별 내부에 분포하는 수소의 양을 나타낸 그래프이다. A는 중심부에서 수소 핵융합반응이 일어나기 전에 수소가 별 전체에 고르게 분포하고 있음을 나타낸다. B는 수소 핵융합반응이 일어나는 동안이며, 중심부에서 수소 핵융합반응이 일어나므로 중심부와 그 근처에서 수소의 양이 많이 줄어들고 있음을 나타낸다. C는 수소 핵융합반응이 거의 끝날 무렵이며 중심부에는 수소가 핵융합반응으로 소모되었으므로 수소가 거의 없다. A, B, C 모두 별의 바깥 부분은 수소의 양이 변화하지 않는다. 이로부터 별의 바깥 부분에 분포하는 수소는 중심부에서 일어나는 수소 핵융합반응의 영향을 받지 않는다는 것도 알 수 있다.

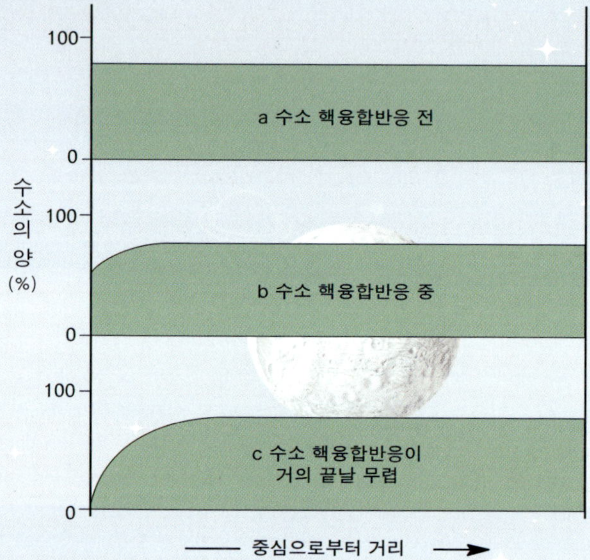

[그림 37] 태양 질량인 주계열성에서 시간에 따른 수소 분포량의 변화(Fix, 2004)

[그림 37] 그래프에서 X축은 중심부로부터 별 표면까지의 거리를 나타내며, Y축은 수소의 양을 퍼센트로 나타낸 것이다. 따라서 그래프에서 나타내고자 하는 수소의 양은 그래프에 표시된 선과 그 아래 영역을 모두 포함한다. 특히 [그림 37]은 그래프가 시기별로 제시되어 있어 시기에 따라 수소의 변화량뿐만 아니라, 별의 내부 구조에서 수소의 양이 변화하는 구간과 변화하지 않는 구간도 알려준다.

Ⅲ. 과학적인 해결

1. 과학적 지식

과학적 지식은 과학적인 질문을 과학적인 방법으로 해결하여 얻은 산출물을 말한다. 또한 과학적 지식은 데이터를 토대로 관찰한 현상을 설명한 것이며(LoPresto, 2004), 우리가 경험한 세계를 이해하기 위해 사용하는 도구가 된다(Vellom and Anderson, 1999). 이러한 기능을 하는 과학적 지식은 설명력, 예측력, 관찰된 세계와의 관계에 따라 다양하게 구분되며(Sandoval, 2005), 조희경과 최경희(2001)는 과학적 지식을 사실, 개념, 법칙, 이론, 가설 등으로 구분했다.

1) 사실

사실은 관찰 가능한 자연 세계를 기술한 것으로 개념과 법칙이 생성될 때 기초 자료로 쓰인다. 신성에 관해 관찰한 다음과 같은 기록은 사실에 해당한다.

신성에 대한 관찰 사실

별이 신성 폭발을 하게 되면 하루 또는 이틀 사이에 원래 밝기보다 100,000배 정도 밝아진다. 신성은 일시적으로 자신이 속해 있는 은하 내에서 가장 밝은 천체가 되는데, 이때 밝기는 태양 밝기의 1,000,000배 이상 더 밝다(Robbins & Jefferys, 1988).

위 기록은 신성을 관찰하여 신성의 밝기를 원래 별일 때의 밝기와 비교하여 나타냈고, 최대밝기가 되었을 때는 속해 있는 은하 내에서 가장 밝다는 것과 최대밝기를 태양의 밝기와 비교해서 나타낸 것으로 모두 사실지식이다.

2) 개념

개념은 물체, 성질, 현상, 사건 등에 대한 관념이나 생각이며, 데이비슨(1984)은 감각 자료에 어떤 형태가 부여된 것이라고 했다. 이에 해당하는 예로 다음을 들 수 있다.

백색왜성이란?

"질량이 태양의 질량보다 크고 태양 질량의 8배보다 작은 별은 중심부에서 수소와 헬륨 핵융합반응은 일어나지만 탄소의 핵융합반응은 일어나지 않는다. 다시 말해서, 이들 별은 수소 핵융합반응을 한 후 이어서 헬륨 핵융합반응을 하고 나면 중심부에서 더 이상 핵융합반응이 일어나지 않는다. 그 결과 중력과 균형을 이룰 에너지가 생성되지 않아 중력에 의해 별이 수축된다. 이 과정에서 별의 겉 부분은 팽창하여 시간이 지남에 따라 우주로 퍼져 나가 행성상 성운을 만들며, 중심부는 계속 수축하다가 마침내 전자가 축퇴되는 단계에 이르게 되는데 이를 백색왜성이라고 한다.

시리우스 A의 동반별 시리우스 B는 최초로 찾은 백색왜성이다. 시리우스 B는 시리우스 A보다 밝기가 10,000배 약하며, 태양 질량의 1.17배이고, 표면온도는 약 25,000K로 관측되었다. 이 별은 온도는 매우 높지만 광도는 매우 작은 것으로 볼 때 크기가 지구 정도에 불과하다. 이 별의 질량을 부피로 나누면 밀도가 매우 크게 나오는데, 찻숟가락 1스푼의 양에 해당하는 시리우스 B 물질은 지구에서의 1톤과 거의 같다(Seeds, 2001). 이와 같이 관찰된 사실들에 의해 백색왜성의 특징이 밝혀지게 되고, 이를 토대로 앞의 예시와 같이 백색왜성의 속성을 기술함으로써 백색왜성에 대한 개념이 이루어지게 된다. 따라서 예시와 같은 속성을 가진 천체들은 모두 백색왜성으로 동정된다.

3) 법칙

법칙은 개념 또는 변인 사이에서 나타나는 관계나 규칙성을 말한다. 즉, 법칙은 어떤 현상에서 나타난 관계나 규칙성을 일반화한 것으로써, 법칙이 주어지면 아직은 일어나지 않은 사건이지만 앞으로 일어날 수 있는 사건을 예측할 수 있다. 그러나 법칙이 그러한 관계나 규칙성이 나타나는 이유까지 설명하는 것은 아니다. 따라서 법칙은 예측력은 매우 높지만 설명력은 거의 없다 (Sandoval, 2005). 이러한 설명은 이론으로 가능하다. 다음의 관계는 법칙의 한 예이다.

백색왜성의 질량과 반지름과의 관계

1930년대 초 천문학자 찬드라세카르는 백색왜성의 질량과 반지름사이의 관계를 밝혀냈으며, 태양 질량의 1.4배보다 더 무거운 백색왜성이 존재하지 않는다고 했다

(Robbins and Jefferys, 1988). [그림 38]의 그래프에서 보는 것처럼 백색왜성은 질량이 클수록 반지름이 작다. 태양 질량의 1/2정도 되는 백색왜성은 반지름이 지구의 약 1.5배이며, 태양 질량 정도 되는 백색왜성은 반지름이 지구의 약 0.9배이다. 그리고 태양 질량의 1.3배 정도 되는 백색왜성은 반지름이 지구의 약 0.4배이며, 태양 질량의 1.4배 정도가 되는 백색왜성은 반지름이 0이 되는 것을 알 수 있다.

그래프로부터 태양 질량의 1.4배보다 작은 질량을 가진 어떤 백색왜성에 물질이 더해지는 경우가 생기면, 즉, 질량이 커지게 되면 그 백색왜성은 크기가 작아질 것이라는 것을 예측할 수 있다.

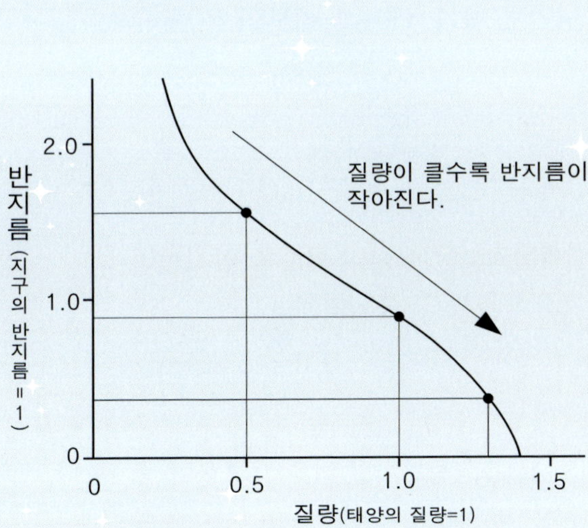

[그림 38] 백색왜성의 질량-반지름 관계(Fix, 2004)

앞의 예는 백색왜성의 질량과 반지름 사이에 나타난 규칙성이므로 법칙에 해당하며, [그림 38]은 이러한 규칙성을 그래프로 나타낸 것이다. 따라서 백색왜성의 질량이 주어지면 위 그래프로부터 그 크기를 예측할 수 있다. 그러나 질량이 클수록 크기가 작아지는 이유에 대해서는 알 수 없다.

4) 이론(모델)

이론은 자연 현상이나 사물에 관한 사실, 개념, 법칙 등에 대해 원인이나 원리를 설명한 것이다. 이는 개념틀로써 설명 대상의 기저를 이루는 메커니즘을 잘 드러낼수록 설명력이 높다(Sandoval, 2005)고 한다. 다음은 이론의 한 예이다.

"백색왜성은 질량이 클수록 반지름이 왜 작을까?"-축퇴물질

백색왜성은 질량이 클수록 크기가 작다. 백색왜성의 경우에도 밀도가 증가하면 압력과 중력이 증가한다. 이때 증가하는 압력은 이상기체 법칙에 따른 것이 아니라, 축퇴된 물질에 의한 압력으로 중력에 대해 버티는 힘이다.

이는 에딩턴에 의해 알려진 것으로 백색왜성을 이루는 기체는 밀도가 매우 커서 이상기체처럼 움직이지 않는다. 백색왜성이 되는 과정에서 밀도가 증가하면서 압력과 중력이 계속 증가할때, 중력이 압력 구배력보다 더 크기 때문에 별은 계속 수축하게 된다. 수축이 계속 진행되면서 압력과 중력이 모두 증가하다가 나중에는 압력과 중력이 균형을 잡게 된다. 그 결과 백색왜성이 되며, 크기는 처음에 비해 매우 작아진다. 질량이 큰 별일수록 중력이 크므로 축퇴물질의 압력이 중력에 버틸 수 있으려면 질량이 작은 별이 중력과 균형을 이룰 때까지 수축하는 것보다 더 많이 수축이 되어야 한다. 따라서 백색왜성은 질량이 클수록 크기가 더 작다.

위 예는 백색왜성의 질량과 반지름과의 관계(법칙)에서 질량이 클수록 반지름이 작게 나타나는 규칙성에 대해 그 이유를 축퇴압력과 중력으로 설명하고 있다.

5) 가설

가설은 확고하게 검증되지 않은 법칙이나 이론과 같은 설명 체계이다. 다음은 가설의 한 예이다.

밀리 세컨드펄서(millisecond pulsar)

작은여우자리의 PSR1037+21는 가장 빠르게 맥동하는 펄서 중 하나이다. 이 펄서는 매초 642회 맥동하며 매우 조금씩 느려지고 있다. 이처럼 빠르게 맥동하는 펄서가 다수 발견되고 있으며, 이들의 맥동 주기는 거의 밀리세컨드(0.001초)정도로 짧기 때문에 이들을 밀리 세컨드펄서라고 한다. 천문학자들은 이들을 중성자별로 여기고 있다.

현재 PSR1037+21은 쌍성계에서 동반성으로부터 물질이 흘러들어오면서 회전에너지를 얻는 오래된 중성자별로 알려져 있다. 물레방아에 떨어지는 물과 같이 중성자별로 흘러들어오는 물질은 중성자별의 회전속도를 증가시키며, 그 결과 PSR1037+21은 1초에 642회만큼 빠르게 회전하게 된 것이다. 즉, 펄서의 맥동주기가 바로 중성자별의 자전주기가 된다. 따라서 1초에 642회 자전하는 PSR1037+21은 자전주기가 약 0.0016초(16밀리세컨드)이다. 이때 이 중성자별의 적도는 40,000km/s의 회전속도를 갖게 된다. 이런 회전 속도를 근거로 볼 때 중성자별은 상당히 납작한 형태로 되어 있을 것이다.

이와 같은 밀리 세컨드펄서에 대한 가설은 천문학자들 사이에 꽤 합리적으로 여겨지고 있지만, 이를 받아들이기 위해서는 PSR1037+21외 여러 관측 증거들이 필요하다. 한 증거로 PSRJ1740-5340이 발견되었으며, 주기는 42밀리 세컨드이다. 이 펄서는 적색거성과 쌍성계를 이루고 있으며 적색거성으로부터 물질이 흘러들어오고 있는 중성자별이다. 또 다른 증거로 X선원인 XTEJ1751-305는 맥동 주기가 겨우 2.3밀리 세컨드이다. X선으로 관측한 결과 동반성으로부터 물질이 흘러들어오고 있으며, 이때 동반성의 질량은 태양 질량의 0.014배 정도에 불과하다. 이는 중성자별이 동반성의 질량을 대부분 흡수해버린 결과로 받아들여진다. 완전히 증명되지는 않았지만 몇 가지 증거들은 이러한 중성자별의 존재를 매우 강력하게 뒷받침하고 있어, 현재 천문학자들은 이러한 중성자별의 존재를 받아들이고 있다(Seeds, 2004).

위 예는 밀리 세컨드펄서를 동반성에서 물질이 유입되고 있는 중성자별이라고 설명하고 있으며, 이는 좀 더 많은 증거가 필요한 가설이다. 여기서 증거는 더 많은 밀리 세컨드펄서를 관측하여 위 가설에 부합하는지를 확인해보는 것이다. 이와 같이 가설은 관찰한 '현상'에 대해 설명을 하는 것이며, 다시 그 관찰은 설명을 검증한다.

2. 과학적인 설명

과학자들이 관찰 대상에 내재된 규칙을 발견하고 이로부터 알게 된 것을 설명할 때 추론이 사용된다(Martin, 1985). 이처럼 추론을 사용하여 설명을 하는 것은 질문에 대한 답을 하는 것이며, 그 결과 과학적 지식이 생성된다. 크로퍼드 등(2005)은 과학적 지식이란 탐구를 통해 데이터를 수집하여 분석하고 이를 해석하여 알게 된 것을 설명한 것이라고 하였으며, 조셉슨과 조셉슨(1996) 역시 과학에서 이루어지는 설명을 과학적인 지식이라고 하였다. 과학적인 설명은 데이터를 근거로 논리적으로 구성되므로 논증과 같다(Peirce, 2006; Martin, 1985).

과학적인 설명과 논증의 구성을 비교하면, 과학적인 설명은 데이터의 경향과 의미에 해당하는 증거를 진술하는 설명항과 증거 진술을 필요로 하는 피설명항으로 이루어져 있고(Sandoval & Reiser, 2004), 논증은 근거를 진술하는 전제와 근거 진술을 필요로 하는 주장으로 되어 있다(Sandoval, 2005). 피설명항과 주장은 각각 설명항과 전제로부터 논리적인 추론 과정에 의해 생성되는 것이므로(Martin, 1985), 과학적인 설명과 논증은 구조뿐만 아니라 설명항과 피설명항 사이 또는 전제와 주장 사이에 사용되는 추론의 종류도 같다(Walton, 1996). 추론의 종류로는 연역추론, 귀납추론, 귀추추론을 들 수 있으며, 이에 따라 과학적인 설명에는 설명항에서 피설명항으로 나아갈 때 사용된 추론에 따라 '연역추론에 의한 설명'(Martin, 1985; Salmon, 1989), '귀납추론에 의한 설명'(Martin, 1985; Salmon, 1989), '귀추추론에 의한 설명'(Flach, and Kakas, 2000; Magnani, 2001)으로 구분한다.

1) 연역추론에 의한 설명

연역추론은 전제로부터 결론이 필연적으로 도출되는 추론이며(Martin, 1985), 전제들이 결론에 결정적인 근거를 제공한다(김영필, 2001). 아리스토텔레스는 과학적인 설명은 언제나 논리적으로 연역의 형식을 지녀야 한다고 했으며, 이때 설명항은 참이어야 하고 피설명항보다 더 잘 알려져 있어야 한다(Salmon, 1989). 예를 들면 '모든 인간은 죽는다. 소크라테스는 인간이다. 그러므로 소크라테스는 죽는다.'에서 설명항에 해당하는 '모든 인간은 죽는다.'와 '소크라테스는 인간이다.'로부터 피설명항은 필연적으로 도출되며, 설명항의 내용은 피설명항의 내용이 발생하기 전부터 잘 알려져 있는 사실이다.

이후 헴펠은 과학자들이 설명을 할 때는 법칙과 같은 명백한 내용을 생략한다는 것을 알게 되었고(이초식, 2000), 오펜하임과 더불어 '연역법칙모델(Deductive-Nomological model, 1948)'을 제시하였다. 아리스토텔레스의 연역 논증을 근대화한 것으로 평가되는(Flach & Kakas, 2000) 연역법칙모델은 [그림 39]의 도식과 같이 설명항 중 적어도 하나는 보편법칙을 포함하도록 초기조건을 설정하였다. 이같이 설명항에 보편법칙을 포함하였기에 '포괄법칙 모델(covering law model)'이라고도 부른다. 앞의 예에서 '모든 사람은 죽는다.'라는 설명항은 보편법칙에 해당할 것이다. 헴펠의 연역법칙모델에서 왼편에 있는 화살표는 설명항과 피설명항이 논리적 연역으로 이루어짐을 의미한다. 이때 중요한 것은 설명항에 포함된 일반법칙 또는 보편법칙은 피설명항을 도출하는 데 있어 본질적인 역할을 해야 한다는 것이다.

C1, C2,........, Ck	초기조건 진술	설명항(Explanans)
L1, L2,........, Lr	일반법칙	
→ E	설명되어야 할 경험적 현상 진술	피설명항(Explanandum)

[그림 39] 헴펠의 연역법칙모델 도식

연역법칙모델을 적용한 예로는 '구리 막대에 전기를 통하면 길어지는지'를 설명한 것이 있다(Martin 1985). 아래에 제시된 도식에서 설명항에 사용된 일반법칙 '모든 구리는 열을 받으면 팽창한다.'는 피설명항을 도출하는 데 본질적인 역할을 한다.

막대는 구리이다.	(초기조건 진술)
모든 구리는 열을 받으면 팽창한다.	(일반법칙)
구리 막대에 전기를 통하면 길어진다.	

아리스토텔레스와 헴펠에 의한 과학적 설명의 구조는 과학적 설명을 분석하기 위한 전통적인 시도이며, 실제로 많은 과학적 설명들이 보편법칙과 같이 필연적으로 피설명항을 이끌어내는 설명항을 지닌 연역 형태를 취하고 있다(Josephson & Josephson, 1996).

연역추론에 의한 설명은 전제가 옳으면 결론이 반드시 옳게 되는 것이다. 이에 대해 박준호(2003)는 아래의 예를 제시하면서 전제에 반드시 일반법칙이 포함되지 않아도 전제가 결론을 함축한다면 연역추론에 의한 설명이 된다고 하였다.

이 책상은 이 의자보다 높다
이 의자는 이 잔보다 높다.

이 책상은 이 잔보다 높다.

위 예에서 첫 번째 전제는 '책상 높이 〉 의자 높이'임을 말하고, 두 번째 전제는 '의자 높이 〉 잔 높이'를 말하고 있으므로 두 전제에서 세 물체의 높이가 '책상 〉 의자 〉 잔'의 순임을 알 수 있다. 그리고 피설명항은 책상의 높이가 잔의 높이보다 높다고 진술하고 있다. 전제에는 법칙에 해당하는 진술이 없지만 책상의 높이가 잔의 높이보다 높다는 내용이 함축되어 있다. 따라서 위 예는 피설명항이 필연적으로 귀결되므로 연역추론에 의한 설명이 되는 것이다.

이와 같이, 연역추론에 의한 설명은 설명항에 보편법칙 또는 일반법칙이 포함되는 여부와 관계없이 설명항이 피설명항을 함축하기 때문에 설명항에서 피설명항이 필연적으로 귀결되는 설명이다. 다음은 연역추론에 의한 설명의 예이다.

행성까지 상대적 거리

프톨레마이오스의 우주관에서는 행성들의 거리가 임의적이었다. 실제로 그의 우주관에는 행성의 순서가 나타나 있지 않으며, 배경별에 대한 행성의 움직임을 평균속도로 제시하는 것뿐이다. 그러나 코페르니쿠스는 자신의 우주관에서는 기하학과 관찰 자료를 사용하여 태양으로부터 모든 행성까지의 거리를 천문단위(AU)로 나타낼 수 있음을 보여주었다.

즉, 태양 중심 이론에서는 내행성의 경우 최대이각일 때의 각도를 이용해서 내행성의 궤도를 천문단위로 나타낼 수 있다. 태양과 내행성의 최대이각은 지구궤도 크기에 대한 내행성 궤도의 크기에 따라 달라진다. [그림 40]에서 내행성이 최대이각에 있을 때 '지구 - 내행성 - 태양'은 직각삼각형을 이루며, 이때 지구에서 태양까지의 거리는 직각삼각형의 빗변이 된다. 금성은 최대이각

(θ)이 47°를 벗어나지 않으므로, 태양에서 지구까지 거리 (d⊕)를 1AU라고 하면 태양에서 금성까지의 거리(d)는 1AU×sin47°로 구할 수 있다. 이렇게 태양에서 금성까지의 거리(d)를 구하면 약 0.72AU가 된다.

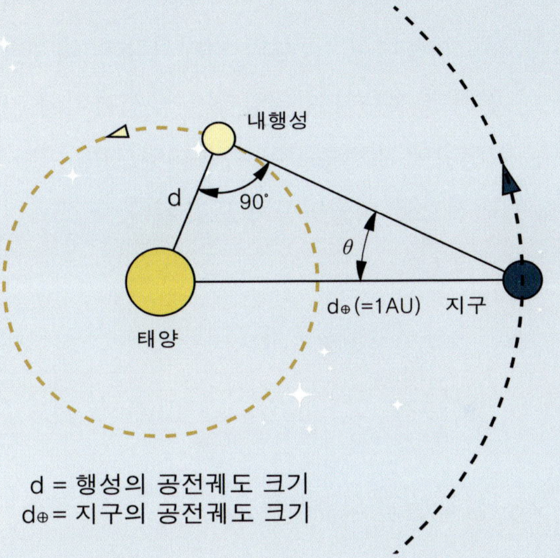

[그림 40] 태양-지구-내행성 간의 위치 관계(Fix, 2004)

앞의 예에서 구한 금성까지의 거리를 연역추론에 의한 설명의 구조에 따라 다음과 같이 정리할 수 있다.

① 금성의 최대이각은 약 47°이다.

② 내행성이 최대이각에 있을 때 지구, 내행성, 태양은 직각삼각형을 이룬다.
이때 지구에서 태양까지의 거리는 직각삼각형의 빗변이 된다.

③ 태양에서 지구까지의 거리를 1AU라고 한다.

④ 직각삼각형에서 빗변을 제외한 나머지 두 변의 길이는 각각 빗변×sinθ, 빗변×cosθ로 구할 수 있다.

태양에서 금성까지의 거리는 1AU×sin47°로 약 0.72AU이다.

이 예는 한 예각에 대한 두 변의 비를 다루는 삼각비의 원리를 일반법칙으로 이용하고, 금성의 최대이각과 태양과 지구사이의 거리를 이 법칙에 적용하여 태양에서 금성까지의 거리를 구하고 있다. 즉, 설명항에 일반법칙이 사용되었으며, 이와 같은 설명항으로부터 필연적으로 피설명항이 도출된다.

초신성 폭발과 우주선원

1934년 바데와 츠비키는 S 안드로메다가 한 달 동안 방출하는 에너지가 태양이 천만 년 동안 내는 에너지의 양과 같다고 계산하였다. 이처럼 강력한 에너지를 설명하기 위해 이들은 초신성이 폭발하기 전에는 보통의 별이었을 것이며, 폭발할 때 강력한 에너지를 낼 만큼의 질량이 아인슈타인의 공식에 따라 전환되었을 것이라고 추론했다. 즉, 초신성 현상은 보통의 별이 크기가 매우 작은 천체로 전이되면서 나타나는 현상이며, 이때 보통의 별에서 전이되어 크기가 매우 작아진 천체는 주로 중성자로 이루어진 중성자별이라고 했다. 러시아 물리학자 란다우는 바데와 츠비키의 이와 같은 제안이 있기 2년 전에 중성자별이라는 개념을 제안했다(Marschall, 1988).

초신성 1987A가 발견되었을 때 일본의 가미오칸데II와 미국의 IMB 검출기에서 중성미자가 검출되었는데(노모토, 1989), 중성미자의 검출에 의해 초신성 폭발로부터 중성자별이 생기면서 별이 붕괴될 때 방출되는 총 에너지가 10^{46}J이 발생되는 것을 확인하게 되었다(Zeilik and Smith, 1987).

초신성 폭발로 방출하는 에너지의 양은 천문학에서 그동안 의문을 가져왔던 우주선의 기원을 설명할 수 있게 되었다(Marschall, 1988). 우주선은 단순한 광선이 아니라 고에너지로 대전된 입자로 원자핵, 전자, 양성자 등이며 거의 광속으로 운동하는 것이다. 이들의 운동에너지는 매우 크며 모든 방향에서 고르게 지구에 들어온다. 우주선과 같은 고에너지 입자는 자기력선을 따라 나선운동을 하므로 은하 자기장이 우주선의 경로를 휘게 하여 등방성으로 관측된다. 그렇지만 우주선원(cosmic ray source)은 우주 공간 어디에서나 분포되어 있는 것은 아니다. 따라서, 이러한 우주선원의 위치를 찾는 것은 쉽지 않으며 우주선원임을 확신하기도 쉽지 않다. 한 가지 단서, 즉 우주선이 고에너지 입자라는 것에서부터 고에너지 현상을 일으키는 것이 우주선원이라고 할 수 있다

(Zeilik and Smith, 1987). 바데와 츠비키는 한 은하에서 평균 천 년마다 한 번씩 초신성이 나타난다면 우주선과 같은 고에너지의 입자를 순식간에 많이 우주 공간으로 방출시킬 수 있을 것이라고 했다. 이와 같은 생각으로 츠비키는 초신성을 찾기 시작했으며 츠비키 이후에도 천문학자들은 초신성을 발견하기 위해 가까운 은하에서 먼 은하들까지 탐색했다. 비록 밝은 초신성은 드물지만 희미한 초신성은 츠비키가 예측한 것보다 더 자주 발견되었다. 최근의 천문학자들은 전형적인 나선은하에는 초신성이 100년에 2~3회 나타나는 현상이라고 추정한다 (Marschall, 1988).

초신성폭발과 우주선원을 연역추론에 의한 설명의 구조에 따라 다음과 같이 정리할 수 있다.

① 초신성은 별이 폭발하면서 강력한 에너지를 내는 현상이며, 이 때 별이 중성자별로 전이된다.
② 등방성으로 지구에 들어오는 우주선은 고에너지의 입자로 이것의 기원은 고에너지 현상을 일으키는 천체일 것이다.
③ 초신성이 하나의 은하에서 평균적으로 천 년에 한 번 정도로 초신성이 나타난다면 등방성으로 관측되는 우주선을 방출시킬 수 있을 것이다.
④ 전형적인 나선은하에서 초신성은 100년에 2~3회 나타난다.

⑤ 1987A 초신성이 나타났을 때 중성미자가 검출되어 초신성 폭발에 의해 중성자별이 생기는 것이 확인되었다.

초신성은 고에너지 현상으로 우주선원일 것이다.

앞의 예는 초신성이 되면 중성자별이 생기고, 이때 발생하는 에너지는 우주에 분포하는 어느 한 은하에서 매 천 년마다 한 번씩만 발생해도 등방성으로 관측되는 우주선을 방출시킬 수 있다는 설명항이 있다. 그리고 실제로 한 은하에서 100년에 2~3회 초신성이 발견되고, 초신성 폭발 후 중성자별이 생기는 것을 확인할 수 있는 중성미자가 검출되었다는 설명항도 있다. 따라서 이들 설명항들로부터 우주선은 초신성 폭발에 의해 우주 공간으로 방출된다는 피설명항이 필연적으로 추론된다. 즉, 일반법칙은 없지만 설명항이 피설명항을 함축하고 있기 때문에 피설명항이 필연적으로 도출되는 연역추론에 의한 설명이다.

2) 귀납추론에 의한 설명

귀납추론은 사실을 토대로 일반화로 나아가는 추론이다(Bowell & Kemp, 2002). 이 때문에 전제는 결론을 개연적으로 뒷받침하며, 전제가 참이라고 해도 결론이 반드시 참이라는 것을 보장하지는 않는다(김영필, 2001). 연역추론이 전제가 결론을 필연적으로 함축하는 추론이라면, 귀납추론은 전제가 결론을 개연적으로 함축하는 추론인 것이다. 실제로 모든 과학적 설명은 설명항과 피설명항이 함축관계에 있는 것은 아니며, 개연적(probabilistic)이거나 통계적(statistical)으로도 뒷받침하고 있다(Salmon, 1989). 더 나아가 1979년에 네이글은 설명항이 피설명항을 함축하지 않는 과학적 설명이 많이 있다고 하였다(네이글, 2001).

헴펠은 이와 같은 과학적 설명을 '귀납통계모델(Inductive-Statistical model, 1965)'로 설명하였다. 이는 연역법칙모델에서 설명항에 일반법칙을 포함한 것과 대비하여 설명항에 적어도 하나의 통계법칙을 포함한 것이다. 따라서 귀납추론에 의한 과학적 설명은 통계적 설명이며, 연역적인 확실함으로 설명하는 것이 아니라 높은 귀납적 확률(개연성)로서 설명하는 것이다. 헴펠의 '귀납통계모델'은 [그림 41]의 도식과 같이 나타내며, 이 도식에서 설명항의 첫째 전제가 통계법칙으로 제시된 것이다. 통계법칙은 F 중에서 G의 빈도가 r임을 나타내며, r은 거의 1에 가깝다. b는 F에 해당하는 구체적인 사례이며, H는 F에 해당하는 b가 G가 되도록 하는 사건을 나타낸다. 따라서 Fb는 F가 된 b, Hb는 G가 되도록 H라는 사건을 경험한 b, Gb는 F에서 G가 된 b를 말한다. 이때, 설명항과 피설명항 사이의 선이 이중선인 이유는 전제로부터 결론으로의 논리적 추론이 연역적이 아니라 귀납적임을 나타내기 위한 것이다. 이중선 옆의 [r]은 전제로부터 결론이 이끌어지는 귀납적 확률이다.

I-S　　P(G | F. H) = r
　　　　Fb. Hb
　　　　══════════　[r]
　　　　Gb

[그림 41] 헴펠의 귀납통계모델

헴펠의 귀납통계모델에 적용되는 예를 들면, '연쇄상 구균에 감염된 존이 페니실린을 투여 받은 후 빨리 회복한 이유는?'이라는 질문에 대한 설명을 귀납통계모델에 적용시킬 수 있다. F는 연쇄상 구균에 감염된 사람이며, H는 페니실린을 투여 받은 사람이 된다. 그리고 G는 회복되었음을 나타내고 b는 존이라는 특정한 사람을 나타낸다. 따라서 Fb는 연쇄상 구균에 감염된 존이며, Hb는 페니실린을 투여 받은 존이 되고, Gb는 회복된 존을 나타낸다. r은 거의 1에 가깝다. 이를 [그림 41]의 귀납통계모델에 따라 정리하면 다음과 같다.

P(연쇄상구균 감염에서 회복됨 | 연쇄상구균에 감염됨. 페니실린 투여) = r
연쇄상 구균에 감염된 존. 페니실린을 투여받은 존
══════════════════════════ = [r]
(그러므로) 연쇄상 구균감염에서 회복된 존

마틴(1985)은 귀납추론에 의한 과학적 설명을 헴펠의 연역법칙모델과 형태를 같게 하여 '통계확률모델(Statistical-Probability model)'을 제시하였다.

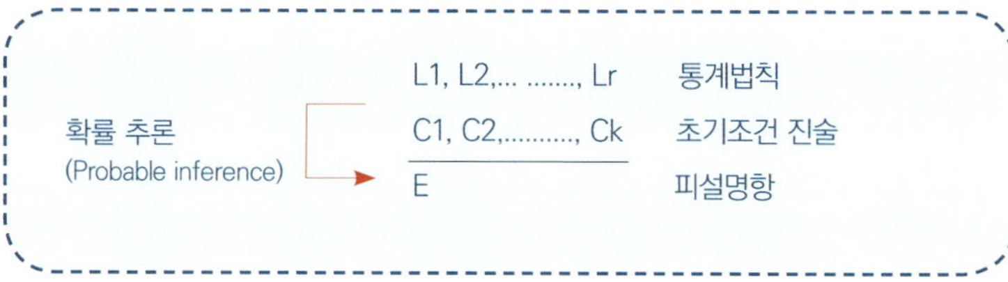

[그림 42] 마틴의 통계 확률 모델

통계법칙은 'A의 90%는 B이다.', '대부분의 A는 또는 거의 모든 A는 B이다.' 등과 같이 양적인 형태로 진술된다. 헴펠의 귀납통계모델처럼 통계법칙을 사용하지만 설명항과 피설명항의 구분을 이중선으로 하지 않았으며, 확률을 선 옆에 기록하는 대신 설명항의 법칙에서 'x%', '대부분', '거의 모든' 등과 같은 표현으로 나타내고 있다는 점이 헴펠의 귀납통계모델과 다르다. 예를 들면, 연쇄상 구균에 감염된 존의 사례에서 통계법칙은 확률 대신 '거의'라는 표현을 사용하여 '연쇄상 구균에 감염된 '거의' 모든 사람이 페니실린을 투여 받으면 회복된다.'로 진술한다.

박준호(2003)에 따르면, 설명항에 반드시 통계법칙이 포함되지 않아도 설명항이 개연적으로 피설명항을 지지한다면 귀납추론에 의한 설명이 된다고 하였으며, 다음의 예를 제시하였다.

지금까지 발견된 에메랄드는 모두 녹색이었다.

다음에 발견될 에메랄드도 녹색일 것이다.

에메랄드를 처음 발견했을 때 녹색이었고, 이후에도 발견된 에메랄드가 녹색이었다면 다음에 발견될 에메랄드도 녹색일 것이라고 추론할 수 있다. 그러나 이와 같은 추론을 할 수 있게 해 준 전제는 모든 에메랄드를 관찰한 것이 아니어서 다음에 발견될 에메랄드는 녹색일 수 있지만 녹색이 아닐 수도 있다. 위 예는 전제가 다음에 발견될 에메랄드의 색을 필연적으로 귀결시키지 않는다. 즉, 전제와 다음에 발견될 에메랄드색은 개연적이다.

이와 같이 귀납추론에 의한 설명은 설명항에 통계법칙이 포함되는지 여부와 관계없이 설명항이 피설명항에 개연성을 제공하며, 설명항이 옳다고 해도 피설명항이 틀릴 수 있는 것이다. 다음은 귀납추론에 의한 설명의 한 예이다.

신성과 초신성의 구분

1848년 뱀주인자리에서 신성이 발견되었다. 최대 밝기가 5등급에 이르다가 서서히 희미해졌다(Marschall, 1988).

1866년 5월 12일 자정 무렵 북쪽왕관자리의 신성이 발견되었다. 처음에는 2등급에 달했는데 9일 후에는 육안으로 보이지 않게 되었다. 이 신성은 스펙트럼 분석이 이루어진 첫 신성으로, 흡수선이 있는 연속스펙트럼에 수소 방출선이 함께 나타났다. 1946년에 위 과정이 반복되었다(Marschall, 1988; Leverington, 1995).

1876년 11월 24일에는 백조자리에서 신성이 발견되었다. 이때의 밝기는 3등급이었으며, 2주 후에는 밝기가 빠르게 감소하여 6등급이 되었다. 스펙트럼 분석 결과, 이 신성은 1866년의 북쪽왕관자리의 신성과 스펙트럼형이 같고 흡수선이 있는 연속스펙트럼에 수소와 헬륨 방출선이 나타났다. 1877년 3월에 보이지 않게 되었다가 9월에 다시 나타났는데, 이 때 스펙트럼은 완전히 달라져 초록색 방출선이 나타나는 행성상 성운의 스펙트럼과 비슷했다(Leverington, 1995). 그리고 나중에는 흡수선이 보이는 보통 별의 스펙트럼으로 되었다(Marschall, 1988).

1885년 8월 17일 안드로메다은하(당시에는 안드로메다 성운이라고 하였다.)의 중앙부에서 신성이 관측되었고, 이를 S 안드로메다라고 하였다. 가장 밝게 보일 때의 등급이 약 5.9등급으로 맨 눈으로 희미하게 보이는 정도였다. S 안드로메다는 이전에 발견된 신성과 달리 보이지 않게 될 때 까지의 기간이 매우 길었고, 스펙트럼에는 약하지만 몇 개의 방출선과 흡수선이 넓게 나타났다(Marchall, 1988;Leverington, 1995).

1892년 2월 1일 마차부자리에서 T 신성이 발견되었다. 원래의 별은 13등급보다도 더 희미했으나 1891년 12월 10일에 5.4등급이 되었고, 12월 17일에는 가장 밝아져서 4.2등급이 되었다. T 신성은 신성이 되는 순간이 사진으로 기록된 첫 별이다. 스펙트럼 분석에 의하면 T 신성은 흡수선이 있는 연속스펙트럼에 수소, 헬륨, 나트륨 방출선이 함께 나타났다. T 신성은 4월 26일에 16등급이 되었다가 시야에서 사라졌다. 그리고 8월 17일 10등급으로 다시 보이게 되었고, 4일 후에는 스펙트럼에 행성상 성운의 강력한 증거가 되는 강한 초록색 방출선과 함께 여러 가지 방출선이 나타났다(Leverington, 1995).

1895년 12월 12일 NGC 5253 성운에서 Z 센타우리 신성이 발견되었다. 최대 밝기는 7등급이었고, 스펙트럼에 나타난 방출선이 다른 신성들에 비해 넓은 것으로 나타났다. Z 센타우리 신성의 스펙트럼은 S 안드로메다와 유사하나 나머지 신성하고는 전혀 닮지 않았다(Leverington, 1995).

1901년 2월 22일 페르세우스자리에서 신성이 발견되었다. 2월 20일에는 12.8등급이었으나 22일에는 2.7등급, 23일에는 0.1등급으로 하늘에서 가장 밝은 별 정도가 되었다. 발견되었을 때 스펙트럼에는 수소와 헬륨 흡수선이 있는 B형이었고 밝기가 최대가 되었을 때는 A형이 되었다. 즉, 별의 표면온도가 낮아졌다. 24일에는 스펙트럼에 수소 방출선이 나타나 이전부터 발견되어 온 신성의 스펙트럼에 있는 방출선은 별의 밝기가 감소하기 시작하면서 나타난다는 것이 밝혀졌다. 스펙트럼에서 흡수선을 야기하는 물질이 1,200km/s의 속도로 지구를 향하고 있음이 나타났으며, 5월 경에는 이 흡수선이 매우 가는 흡수선으로 나누어져 보였다. 이로부터 흡수선을 야기하는 기체가 여러 층으로 되어 있고 각기 다른 속도로 지구를 향하고 있는 것을 알게 되었다. 6월 경에 스펙트럼에는 성운에서 보이는 방출선이 나타나기 시작했다(Leverington, 1995).

1912년 쌍둥이자리에서 신성이 발견되었으며 스펙트럼은 페르세우스자리의 신성과 유사하였다. 스펙트럼에서 흡수선의 청색편이가 있었으며, 이로부터 흡수선을 야기하는 기체가 지구 쪽으로 향하고 있음을 알 수 있었다. 나중에는 스펙트럼에 성운의 방출선이 나타났다(Leverington, 1995).

1918년 6월 6일 독수리자리 V603 신성이 발견되었다. 5.8등급이었으나 최대 -1.1등급으로 밝아졌다. 이 신성은 신성이 되기 전일 때의 스펙트럼이 기록되어 있는 첫 신성이다. 1899년에 얻어진 스펙트럼을 분석해보면 이 별은 청백색의 A형으로 11등급이고, 연속스펙트럼에 수소 흡수선이 있었다. 1918년 신성이 되었을 때 스펙트럼에는 방출선에 변화가 잘 나타났다. 밝기가 최대일 때는 흰색이었고 광도가 약해지면서 노란색, 분홍색, 선홍색으로 변하였는데, 노란색에서 분홍색으로 변하는 것은 수소 발머선이 강해진 것이고 선홍색으로 변하는 것은 푸른색의 방출선의 수가 추가 되었기 때문이다. 마지막에는 스펙트럼에 성운의 방출선이 나타났다(Leverington, 1995).

1920년 M31(안드로메다은하)에서 12개의 신성이 발견되었다. 그러나 이들은 모두 1885년의 S 안드로메다보다는 매우 희미했다. M31이 우리 은하 내에 있다고 생각하는 섀플리는 S 안드로메다가 다른 신성처럼 평범하다고 했고, M31이 우리은하에서 멀리 떨어져 있다고 생각하는 커티스는 S 안드로메다가 보통의 신성보다 약 10,000배 강력한 보기 드문 신성이고 M31에 있는 나머지 희미한 신성은 페르세우스 신성과 같은 일반적인 신성이라고 했다(Marschall, 1988).

1924년 허블이 성운까지 거리를 추정할 수 있게 되면서, 커티스가 말한 것처럼 M31은 우리은하로부터 매우 멀리 있고 S 안드로메다는 보통의 신성에 비해 매우 밝은 신성이라는 것을 알게 되었다. 1930년대 초기에 츠비키가 S 안드로메다처럼 매우 밝은 신성을 초신성이라고 지칭했고, 이 용어가 천문학회에 받아들여지게 되었다

(Marchall, 1988;Leverington, 1995).

1925년 5월 25일 픽토리스 신성이 나타났으며, 이 신성은 이전의 신성과 달리 최대 밝기에 도달하는 데 15일이 걸렸다. 이때 온도가 일정하게 유지 되었는데 이로부터 밝기가 증가한 이유가 별의 크기가 증가하였기 때문임을 알게 되었다. 그리고 최대 밝기가 된 이후는 스펙트럼이 보통의 신성과 유사하게 진행되었다. 흡수선의 편이로부터 팽창하는 기체층이 있다는 것을 알게 되었고, 연속스펙트럼을 분석하여 중심별은 100km/s로 수축하고 있음을 알아냈다(Leverington, 1995). 픽토리스 신성은 팽창하던 별이 어떤 이유에서 폭발하여 나타난 것으로, 폭발할 때 팽창하던 기체 껍질층은 날아가고 중심부 별은 수축하였다.

1934년 12월 13일 헤라클레스자리에서 신성이 발견되었다. 12월 22일 1.4등급으로 최대 밝기가 되었으며 이듬해 4월에는 4등급으로 밝기가 줄어들었다. 그리고 1달 후 13등급으로 희미해졌다. 이내 다시 밝아지면서 5주 후에는 7등급이 되고 1년 동안 이 등급이 유지되다가 육안으로 보이지 않게 되었다. 스펙트럼 분석 결과 처음에는 B형이었으나 최대등급이 될 때는 A형으로 나타났다. 이로부터 표면온도가 감소한 것을 알 수 있다. 나중에 스펙트럼에는 성운의 방출선이 나타났다(Leverington, 1995).

1935년에 이르러 신성의 스펙트럼의 특징이 다음과 같이 정리되었다. 별은 최대 밝기가 되기까지 점점 커지고 최대 밝기가 될 때 폭발하여 기체 껍질층이 날아간다. 며칠 후 1~2개의 껍질층은 팽창하고 별은 수축한다. 이때는 팽창하는 기체 껍질 층이 중심부 별을 가려 별의 밝기가 약하지만 기체층이 팽창함에 따라 중심부 별이 다시 보인다. 이러한 기체층은 중심부 별의 스펙트럼에 흡수선을 만든다. 그리고 마지막에는 별의 스펙트럼에 성운의 방출선이 나타난다(Leverington, 1995).

신성과 초신성의 구별을 귀납추론에 의한 설명의 구조에 따라 다음과 같이 정리할 수 있다.

① 1848년 뱀주인자리에서 발견된 신성은 최대 밝기가 5등급에 이르다가 희미해졌다.

② 1866년 북쪽왕관자리에서 발견된 신성은 2등급까지 밝아졌다가 9일 후에는 육안으로 보이지 않게 되었다. 이 신성의 스펙트럼에는 흡수선이 있는 연속스펙트럼에 수소 방출선이 함께 나타났다.

③ 1876년 백조자리에서 발견된 신성은 최대 밝기가 3등급이었으며 2주 후에는 밝기가 빠르게 감소하여 6등급이 되었다. 이 신성의 스펙트럼은 1866년의 북쪽왕관자리의 신성과 같았고, 1877년 3월에 보이지 않게 되었다가 9월에 다시 나타났을 때 스펙트럼은 성운의 스펙트럼과 비슷했고 나중에는 흡수선이 보이는 보통 별의 스펙트럼이 되었다.

④ 1885년 안드로메다성운(현재 안드로메다은하)에서 발견된 S 안드로메다신성은 최대등급이 약 5.9였으며, 이전에 발견된 신성과 달리 보이지 않게 될 때까지의 기간이 매우 길었고, 스펙트럼에는 약하지만 몇 개의 넓은 방출선과 흡수선이 넓게 나타났다.

⑤ 1892년 마차부자리에서 발견된 T 신성은 원래 13등급보다도 더 희미한 별이었으나 1891년 12월 17일에 최대 4.2등급이 되었다. T 신성의 스펙트럼은 흡수선이 있는 연속스펙트럼에 수소, 헬륨, 나트륨 방출선이 함께 나타났으며 시야에서 사라졌다가 다시 보이게 되었을 때는 스펙트럼에 행성상 성운의 초록색 방출선이 나타났다.

⑥ 1895년 NGC 5253 성운에서 발견된 Z 센타우리 신성은 최대 7등급으로 밝아졌고 스펙트럼에 나타난 방출선이 다른 신성들에 비해 넓었다. 즉, Z 센타우리 신성의 스펙트럼은 S 안드로메다와 유사하나 나머지 신성하고는 전혀 닮지 않았다.

⑦ 1901년 페르세우스자리에서 발견된 신성은 원래 12.8등급의 별이었으나 최대 0.1등급이 되었다. 스펙트럼에는 수소와 헬륨 흡수선이 있으며, 이 흡수선을 야기하는 물질이 1,200km/s의 속도로 지구를 향하고 있었다. 그리고 이 흡수선이 매우 가는 흡수선으로 나누어져 있어 흡수선을 야기하는 물질이 여러 층으로 되어 있고 각기 다른 속도로 지구를 향하고 있는 것으로 나타났다. 그리고 나중에는 스펙트럼에 성운에서 보이는 방출선이 나타났다.

⑧ 1912년 쌍둥이자리에서 발견된 신성은 스펙트럼이 페르세우스자리의 신성과 유사하였다. 스펙트럼의 흡수선에 나타난 청색편이로부터 흡수선을 야기하는 기체가 지구 쪽으로 향하고 있음을 알 수 있었다. 나중에는 스펙트럼에 성운의 방출선이 나타났다.

⑨ 1918년 독수리자리에서 발견된 V603 신성은 5.8등급의 별이었으나 최대 −1.1등급으로 밝아졌다. 마지막에는 스펙트럼에 성운의 방출선이 나타났다.

⑩ 1920년 M31(안드로메다은하)에서 발견된 12개의 신성은 모두 1885년의 S 안드로메다보다는 매우 희미했다. S 안드로메다는 다른 신성들보다 약 10,000배 강력한 보기 드문 신성이라는 주장이 나왔다.

⑪ 1924년 허블이 성운까지 거리를 추정할 수 있게 되면서 S 안드로메다는 보통의 신성에 비해 매우 밝은 신성이라는 것을 알게 되었다. 1930년대 초기에 츠비키가 S 안드로메다처럼 매우 밝은 신성을 초신성이라고 지칭했고 이 용어가 천문학회에서 받아들여지게 되었다.

⑫ 1925년 픽토리스 신성이 나타났으며 최대 밝기가 되기까지 온도가 일정하게 유지되는 것이 밝혀졌다. 이로부터 신성이 밝기가 증가하는 것은 별의 크

기가 커지기 때문임을 알 수 있게 되었다. 최대 밝기가 된 이후는 스펙트럼이 보통의 신성과 유사하게 진행되었다. 스펙트럼에서 흡수선의 편이를 분석하여 팽창하는 기체층이 있다는 것과 연속스펙트럼을 분석하여 중심별은 100km/s로 수축하고 있음을 알아냈다. 즉, 픽토리스 신성은 팽창하던 별이 어떤 이유에서 폭발하여 나타난 것으로 폭발할 때 팽창하던 기체 껍질층은 날아가고 중심부 별은 수축한다.

⑬ 1934년 헤라클레스자리에서 발견된 신성은 1.4등급으로 최대 밝기가 되었으며 이듬해 4월에는 4등급으로 밝기가 줄어들었다. 나중에 스펙트럼에는 성운의 방출선이 나타났다.

신성은 원래의 별이 점점 팽창하다가 폭발하여 매우 밝아지며, 이후 폭발로 인해 팽창한 기체 껍질층은 날아가고 중심부 별은 수축하는 것이며, 초신성은 보통의 신성보다 밝기가 10,000배 이상 밝은 것이다.

이와 같이 관측된 사실 ①~⑬ 중 ①, ②, ③, ⑤, ⑦, ⑧, ⑨, ⑫, ⑬으로부터 신성의 특징을 ④, ⑥, ⑩, ⑪로부터 초신성의 특징을 설명할 수 있다. 이때 피설명항인 신성과 초신성의 특징은 주어진 설명항에서 개연적으로 설명된 것이며, 앞으로 계속 발생될 관측 사실에 따라 피설명항은 옳을 수도 있고 틀릴 수도 있다.

신성이라는 용어는 티코 브라헤에 의해 처음 사용되었으나 앞에서 살펴본 것처럼 많은 유사한 사건들이 축적된 후에야 신성에 대해 알게 되었다. 관측 사실들이 축적되는 과정에서 신성과 뚜렷하게 차이가 있는 초신성이라는 개념이 나타나게 되었다. 이와 같이, 유사한 많은 사건들을 통해 신성의 개념과 같은 과학적 지식을 얻을 뿐 아니라, 그 과정에서 또 다른 개념인 초신성이라는 과학적인 지식도 얻게 된다. 그러나 신성과 초신성에 대한 이 지식은 발생할 또 다른 사건에 대해 필연적인 것이 아니라, 개연적이므로 위와 같이 사건의 축적으로 얻게 된 신성과 초신성이라는 지식은 귀납추론에 의한 설명 지식이라고 할 수 있다.

실제로 티코가 처음으로 신성이라고 이름 붙인 티코의 별은 현재 초신성으로 분류되어 있다. 그리고 1987년에 우리은하와 가까운 대마젤란운에서 초신성 1987A가 발견된 것은 초신성이 되기 전 후의 과정을 자세히 조사하고 초신성에 대한 여러 가지 이론(가설)을 검증할 수 있는 좋은 사건이 되었다(Marchall, 1988; 노모토 하루요, 1989; Leverington, 1995).

3) 귀추추론에 의한 설명

귀추(abduction)추론은 관찰한 사실에 대해 설명 가설을 생성하는 추론이며, 퍼스가 처음으로 규정하였다. 귀추는 가설을 생성하는 것이므로 가설상정법(이초식 외, 2000)이라고도 한다. 퍼스에 의하면 설명 가설은 섬광과 같이 우리에게 오게 되며 통찰력이 동반된다. 그러나 귀추추론에 의한 설명 가설은 관찰 정보를 확장하거나 넘어서는 것이기 때문에(Magnani, 2001) 귀추추론에 사용되는 통찰력은 오류 가능성이 매우 높다(Flach, & Kakas, 2000). 귀추는 전제에 의해 결론의 참을 보장받을 수 없는 모험추리이며, 연역추론의 일종이지만 '후건(後件) 긍정의 오류'를 범한 것(Walton, 1996)으로 또는 단순히 넓은 의미의 귀납추리의 일종으로 받아들여지기도 한다(이초식 외, 2000).

후건 긍정의 오류의 예는 '만일 비가 오면 땅이 젖는다. 땅이 젖어 있다. 따라서 비가 왔다.'와 같이 '비가 온다.'라는 전건(前件)과 '땅이 젖는다.'라는 후건으로 구성된 논증에서 후건을 긍정함으로써 오류를 범하는 경우이다. 비가 오는 것이 땅을 젖게 하는 충분조건은 되지만 필요조건은 아니기 때문에 반드시 비가 와야만 땅이 젖는 것은 아니다(김광수, 1995). 또는 '땅이 젖어 있다.'를 관찰하여 이를 설명하고자 할 때, '비가 오면 땅이 젖는다.'라는 설명항을 바로 사용한다면 이를 일종의 귀납추리라고 보는 것이다. 그러나 맥나니(2001)는 일상에서 연역으로 이루어진 추론이 아닌 경우는 대부분 귀추에 의한 것이라고 했다. 그 예로 마루에 유리가 깨져 있는 것을 보게 되면, '좀 전에 분 바람 때문'이라는 식의 설명을 시도한다는 것이다.

퍼스가 제안한 귀추추론은 '가설 생성(hypothesis-generation)'과 '최상의 설명으로의 추론(inference to the best explanation)'의 두 가지 의미로 쓰인다(Flach & Kakas, 2000; Magnani, 2001). [그림 43]의 도식은 가설 생성의 귀추추론으로, 이때 가설은 가능성에 대한 고려이다(Flach, & Kakas, 2000).

$$\begin{array}{l} C \\ A \rightarrow C \\ \hline A \end{array}$$

[그림 43] 퍼스의 귀추모델(가설 생성)

이때의 귀추추론은 관찰 사실인 결과에 대해 원인을 찾아가는 추론을 하는 것이다(Flach & Kakas, 2000; Josephson & Josephson, 1996). 이 때문에 귀추추론은 오류 가능성이 있음에도 불구하고 지식을 생산(truth producing)하는 추론이라고 한다(Josephson & Josephson, 1996). 위 도식에서 C는 관찰된 사실이고, A는 C를 설명하는 것이다. 즉, '놀라운 사실 C가 관찰'되었다. '만약 A가 참이라면 C가 당연히 발생할 것이다.' 그러므로 'A가 참이지 않을까'라는 추론이 이루어지고 있음을 나타낸다. 이때 가설 A는 관찰된 사실이 발생 가능한 이유를 말하고 있다. 이는 관찰된 하나의 사실을 받아들일 수 있는 어떤 원인을 명백하게 하려고 설명하는 것이다(Flach, & Kakas, 2000; Josephson & Josephson, 1996). 이와 같이, 귀추추론은 본질적으로 결과에 대해 원인을 찾는 과정이므로 과학적인 설명은 귀추추론과 특별히 관련이 있다(Walton, 1996).

[그림 44]의 도식은 최상의 설명을 생성하는 귀추추론을 나타낸다(Josephson & Josephson, 1996). 맥나니(2001)는 귀추추론이란 관찰 사실을 가장 잘 설명하는 가설을 기술하는 것이며, 이때는 가설을 평가하는 과정이 포함된다고 했다.

D	수집된 데이터(collection of data)
H라면 D일 것이다.	H가 D를 설명(H explains D)
H만큼 D를 설명하는 다른 가설이 없다.	
그러므로 H는 아마 참이다.	

[그림 44] 귀추추론의 도식(최상의 설명 생성)

사실 귀추추론은 불완전한 정보로부터 폐기 가능한 결론을 이끄는 것이다. '최상의 설명으로의 추론'에 의해 오래된 가설이 폐기되고 새로운 가설이 채택되며, 이 때문에 가설은 잠정적인 성격을 가지게 된다. 그러나 이는 지식에 대해 합리적인 선택을 토대로 하기 때문에 단순한 잠정성이 아니라 합리적인 잠정성이다(Magnani, 2001). 따라서 귀추추론은 문제 해결 과정에서 과학적 지식의 발견까지의 통합적인 인식론 모델로서, 그리고 창의적 추론으로서 중요하다(Magnani, 2001). 즉, 귀추추론에 의한 설명은 어떤 현상이나 관찰에 대해 가능성 있는 설명을 하는 것이며, 그 설명은 관찰 사실에 대한 잠정적인 원인이다. 귀추추론은 후건긍정의 오류 또는 귀납추론의 한 형태라는 주장이 있음에도 불구하고, 과학적 지식을 합리적으로 발견하는 모델로써 그리고 새로운 통찰력을 사용하는 추론으로써 과학적 지식의 생성에 매우 중요한 역할을 한다(Magnani, 2001). 다음은 귀추추론에 의한 설명의 한 예이다.

밀란코비치의 가설

지구는 지질시대 동안 빙하시대가 몇 차례 발생하였다. 빙하가 발생하는 주기는 약 2억 5천만 년에서 2억만 년이며, 빙하시대에 빙하작용이 나타나는 주기는 약 4만 년에서 10만 년이다. 이와 같은 기후변화에 대해 1920년 유고슬라비아 운석학자 밀란코비치는 지구가 세차운동을 하고 지구적도면과 지구공전궤도면이 이루는 경사각이 주기적으로 변하며, 지구의 궤도모습이 주기적으로 변하기 때문이라고 설명하였다. 그리고 이들의 변화 때문에 빙하시대가 가속될 것이라고 하였다. 이를 밀란코비치의 가설이라고 한다.

밀란코비치의 가설은 첫째, [그림 45A]와 같이 지구는 세차운동에 의해 지구의 자전축이 26,000년을 주기로 원추 형태로 회전한다. 그리고 지구 타원궤도의 축은 이와 반대방향으로 더 서서히 회전한다. 이 두 운동의 결합으로 지구 공전 궤도상에서 분점의 위치가 23,000년을 주기로 점차 변하게 된다. 이 때문에 현재는 북반구의 여름이 태양으로부터 약 1.7% 멀리 있을 때이지만 11,500년 후에는 북반구의 여름이 태양으로부터 약 1.7% 가까이 있을 때이다. 그 결과 북반구의 여름은 현재보다 더 더워져 겨울에 쌓인 눈과 얼음을 모두 녹인다. 즉, 빙하가 더 성장하지 않을 것이다. 둘째, [그림 45B]와 같이 지구적도면과 지구공전궤도면이 이루는 경사각은 약 41,000년을 주기로 22°에서 24°까지 변한다. 현재 경사각은 23.5°이지만 이 각이 커지면 계절의 변화도 커진다. 셋째, [그림 45C]와 같이 지구의 궤도 이심률이 10만 년을 주기로 약간씩 변화하고 있다. 현재 지구의 궤도이심률은 약 0.017이므로, 북반구에서 겨울일 때 지구는 궤도의 평균 반지름보다 태양에 1.7% 가깝고 여름일 때는 1.7% 멀리 있다. 만약 지구의 궤도 이심률이 더 커지면 북반구의 여름은 현재보다 더 멀어지므로 시원해진다. 이 때문에 겨울에 쌓였던 눈이나 얼음을 녹이지 못하게 되어 빙하가 잘 성장하게 된다. 밀란코비치는 위 세 가지 변인이 복합적으로 나타나면서 지구의 기후가 주기적으로 복잡하게 변하고, 빙하는 성장과 후퇴를 반복한다고 하였다. 이 가설은 당시에는 검증할 수 없었기 때문에 의미 있게 받아들여지지는 않았다.

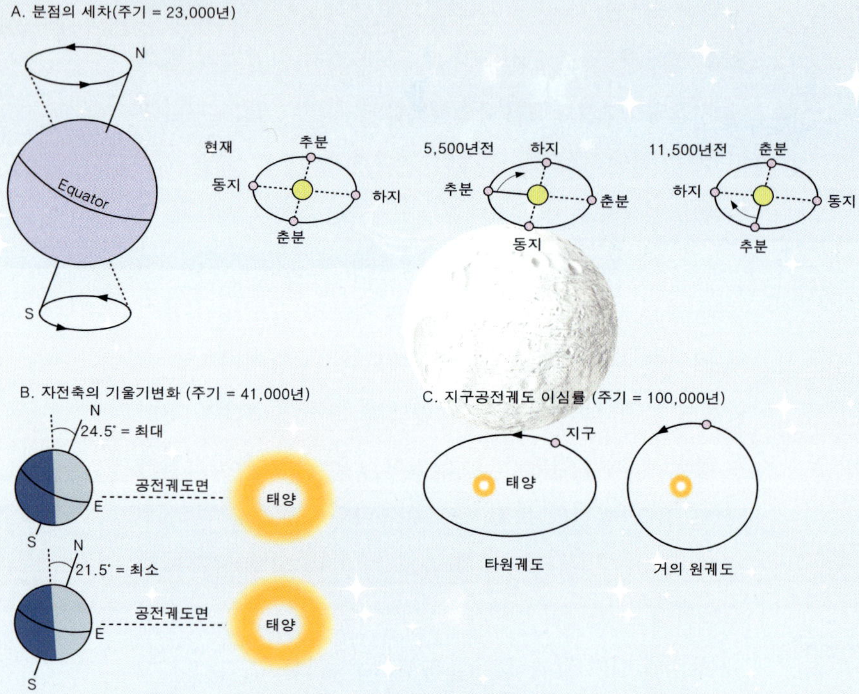

[그림 45] 지구기후변화에 대한 밀란코비치의 3가지 변인(Skinner, Porter, Botkin, 1999)

그런데 1970년대에 이르러 그의 가설을 뒷받침할 만한 데이터가 수집되었다. 1970년대에 해양학자들이 심해저 퇴적물로부터 해수의 온도를 측정하고 그 변화 주기를 조사한 결과 [그림 46]에서 보는 것과 같이, 그 주기가 밀란코비치의 가설에서 예측한 주기와 같았다. 이 증거가 가설을 강하게 뒷받침하였으므로 1980년대부터는 밀란코비치의 가설이 지구의 기후변화를 가장 잘 설명하는 것으로 알려지게 되었다.

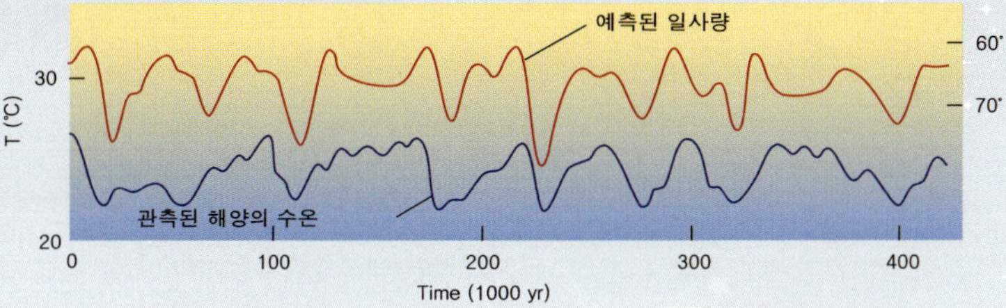

[그림 46] 밀란코비치가 예측한 일사량의 변화와 측정된 해양의 수온변화(Seeds, 2001)

[그림 47]은 위에서부터 차례로 지구의 세차운동, 자전축의 경사각 변화, 지구 궤도 이심률의 변화를 나타낸다. 위에서 4번째 그래프는 지구의 이와 같은 변화에 의한 결과로 여름철 북위 65도에 나타난 태양의 일사량 변화이며, 맨 아래 그래프는 지구에서 나타나는 온도변화이다. 5개의 그래프에서 변동추이가 비슷하게 나타남을 알 수 있다.

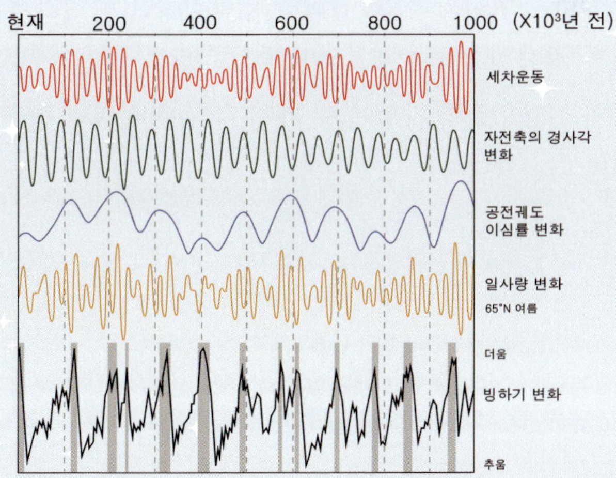

[그림 47] 밀란코비치의 가설과 일사량 변화 및 빙하기의 변화(http://blog.daum.net/tsc99/18321743)

밀란코비치의 가설을 귀추추론에 의한 설명의 구조에 따라 다음과 같이 정리할 수 있다.

① 지구는 지질시대 동안 빙하시대가 몇 차례 발생하였다. 빙하가 발생하는 주기는 약 2억 5천만 년에서 2억만 년이며, 빙하시대에 빙하작용이 나타나는 주기는 약 4만 년에서 10만 년이다.

② 지구가 세차운동을 하고 지구 적도면과 지구공전궤도면이 이루는 경사각이 주기적으로 변하며 지구의 궤도 모양이 주기적으로 변하면 지구의 기후가 위(①)와 같이 변한다.

그러므로 지구가 세차운동을 하고 지구 적도면과 지구공전궤도면이 이루는 경사각이 주기적으로 변하며 지구의 궤도 모양이 주기적으로 변한다.

살펴본 바와 같이 밀란코비치의 가설은 지구의 기후변화라는 사실을 설명하기 위해 생성되었었고, 1970년대에 이르러 밝혀낸 해수의 온도변화가 이를 강력히 뒷받침하는 증거가 되어 1980년대에는 최상의 설명으로의 가설이 되었다. 밀란코비치의 가설이 최상의 설명으로의 가설이 될 때의 추론을 설명의 구조에 따라 정리하면 다음과 같다.

① 지구는 지질시대 동안 빙하시대가 몇 차례 발생하였다. 빙하가 발생하는 주기는 약 2억 5천만 년에서 2억만 년이며, 빙하시대에 빙하작용이 나타나는 주기는 약 4만 년에서 10만 년이다.

② 지구가 세차운동을 하고 지구 적도면과 지구공전궤도면이 이루는 경사각이 주기적으로 변하며 지구의 궤도 모양이 주기적으로 변하면 지구의 기후가 위(①)와 같이 변한다.

③ 지구가 세차운동을 하고 지구 적도면과 지구공전궤도면이 이루는 경사각이

주기적으로 변하며 지구의 궤도 모양이 주기적으로 변한다는 설명만큼 ①의 지구 기후변화를 설명하는 다른 가설이 없다.

그러므로 지구가 세차운동을 하고 지구적도면과 지구공전궤도면이 이루는 경사각이 주기적으로 변하며 지구의 궤도 모양이 주기적으로 변한다는 가설은 참이다.

앞에서 가설을 생성할 때의 추론과 차이점은 가설을 평가하는 과정(③)이 추론에 포함되어 있다는 점이다.

신성에 대한 가설

1866년에 발견된 북쪽왕관자리 T 신성이나 1876년에 발견된 백조자리 신성과 같이 별이 며칠 또는 몇 시간 동안 광도가 극적으로 증가하다가 2주 내에 3~4등급 정도 희미해지면서, 이후에는 스펙트럼이 변하는 현상이 나타났다. 이러한 현상이 어떻게 나타날 수 있는지에 대해 과학자들은 설명하려고 했고, 그 무렵 2종류의 가설이 생성되었다. 하나는 별이 갑작스럽게 폭발했기 때문이라는 것이고, 다른 하나는 충돌로 나타나는 현상이라는 것이다. 그러나 충돌이론이나 폭발이론 모두 광도가 빠르게 감소하는 현상을 설명하지 못하였다. 1892년에는 마차부자리에서 T 신성이 발견되었으며, 이때 처음으로 신성을 스펙트럼 분석하게 되었다. 스펙트럼에는 연속스펙트럼에 밝은 수소선과 흡수선이 함께 나타나 있었으며 밝은 선은 적색편이, 흡수선은 청색편이가 나타났다. 이에 대해 제안된 이론은 신성이란 방출선스펙트럼을 내는 별과 흡수선스펙트럼을 내는 두 별이 매우 가까워져서 나타나는 현상이라는 것이다. 이후 마차부자리 T 신성은 사라졌다가 다시 나타났는데, 이때 스펙트럼은 행성상 성운임을 나타내는 초록색 방출선이 강한 방출선으로 이루어져 있었다. 이로부터 가까운 두 별 이론은 폐기되었다. 그리고 다시 제안된 이론은 신성은 별이 고밀도의 기체 구름이 될 때 가열되어 나타난다는 것이다(Leverington, 1995).

신성에 대한 가설 몇 가지를 귀추추론에 의한 설명의 구조에 따라 다음과 같이 정리할 수 있다.

〈폭발설〉

① 별이 며칠 또는 몇 시간 동안 광도가 극적으로 증가하다가 2주 내에 3~4등급 정도 희미해지면서 이후에는 스펙트럼이 변하는 신성이 나타났다.
② 별이 폭발하면 광도가 ①과 같이 극적으로 증가한다.

그러므로 신성은 별이 폭발한 것이다.

〈충돌설〉

① 별이 며칠 또는 몇 시간 동안 광도가 극적으로 증가하다가 2주 내에 3~4등급 정도 희미해지면서 이후에는 스펙트럼이 변하는 신성이 나타났다.

② 별이 충돌하면 광도가 ①과 같이 극적으로 증가한다.

그러므로 신성은 별이 충돌한 것이다.

〈두 별의 근접설〉

① 별이 며칠 또는 몇 시간 동안 광도가 극적으로 증가하다가 2주 내에 3~4등급 정도 희미해지면서 이후에는 스펙트럼이 변하는 신성이 나타났다.

② 스펙트럼에는 연속스펙트럼에 밝은 수소선과 흡수선이 함께 나타나 있었으며 밝은 선은 적색편이, 흡수선은 청색편이가 나타났다.

③ 방출선을 내는 별과 흡수선을 내는 두 별이 서로 가까워지면 ②와 같이 연속스펙트럼, 밝은 수소선, 흡수선이 함께 나타난다.

그러므로 신성은 두 별이 서로 가까워져서 나타나는 현상이다.

〈고밀도 성운설〉

① 별이 며칠 또는 몇 시간 동안 광도가 극적으로 증가하다가 2주 내에 3~4등급 정도 희미해지면서 이후에는 스펙트럼이 변하는 신성이 나타났다.

② 스펙트럼에는 연속스펙트럼에 밝은 수소선과 흡수선이 함께 나타나 있었으며 밝은 선은 적색편이, 흡수선은 청색편이가 나타났다

③ 신성이 잠시 사라진 후 다시 나타났을 때 스펙트럼에는 행성상 성운임을 나타내는 초록색 방출선이 강한 방출선이 나타났다.

④ 별이 고밀도 성운이 될 때 가열되면 행성상 성운의 스펙트럼이 나타난다.

그러므로 신성은 별이 고밀도의 기체 성운이 될 때 가열되어 나타나는 현상이다.

4개의 가설들은 모두 관측된 사건을 설명하기 위해 제안된 것이다. 이들은 모두 설명하고자 하는 관측된 사건에 대해서는 설명을 잘하고 있으나, 또 다른 측면은 잘 설명하지 못하고 있다. 이 때문에 이들은 설명항에서 피설명항이 필연적으로 추론되지도 않고 아직까지 개연적이지도 않다. 즉, 귀추추론에 의해 사건을 여러 가지로 설명하고 있는 것이다. 그리고 위의 예를 든 상황까지는 최상의 설명이 제시되지 않았다.

Part 2

학생들의 과학하기

과학이란 문제를 해결하는 탐구의 방법과 탐구의 결과로 얻은 지식의 체계로, 과학교육은 이러한 과학을 가르치는 것이다. 이에 따라 과학교육은 과학의 이러한 특징을 다루는 활동을 제공하여 학생들에게 문제를 해결하는 능력을 길러주어야 한다. 1부에서는 과학적 탐구를 질문, 방법, 해결의 세 영역으로 구분하고, 각 영역의 요소들이 과학적으로 이루어지는 과정을 천문학 분야의 내용을 예로 들어 구체적으로 살펴보았다. 2부에서는 탐구의 세 영역을 이루는 요소들과 이들의 관계를 과학적 탐구 모델로 구조화하고, 탐구 모델의 각 요소들이 현재 학생들에게 제공되고 있는 각 탐구 활동 자료에 어떻게 구현되었는지 분석하고 이를 설명하고자 한다. 이는 학생들이 탐구의 세 영역을 과학적으로 수행할 수 있는 능력을 함양하는 데 필요한 적절한 안내를 제공하고자 함이다.

I. 과학적 탐구 모델

1부에 제시된 탐구의 세 영역인 과학적인 질문, 과학적인 방법, 과학적인 해결과 이 영역들을 구성하는 하위 요소들을 전체적으로 이해하기 위해 [그림 48]과 같이 구조화하였으며, 이를 과학적 탐구 모델이라고 명명하였다.

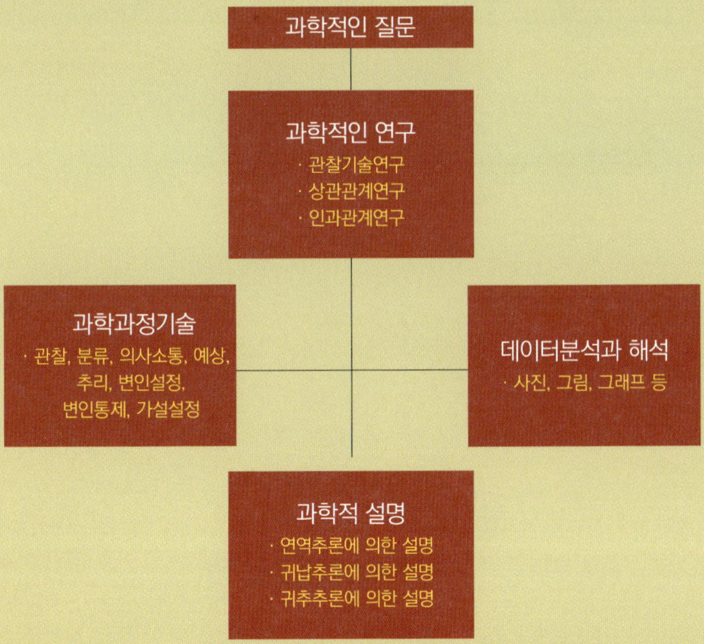

[그림 48] 과학적 탐구 모델

Ⅱ. 학생들을 위한 탐구 자료

학생 탐구 활동 자료는 학교의 정규교육과정과 그 외 활동에서 이루어지고 있는 것들이며, 지금부터 이들 자료가 어떤 과학적인 질문으로 시작하여 어떤 해결과정을 거쳐 어떻게 과학적인 지식을 도출하도록 안내하고 있는지 살펴보도록 하겠다.

1. 간이 광도계를 이용한 태양의 광도 측정

다음 자료는 탐구활동 2개로 이루어져 있다. 첫 번째 탐구활동은 '간이 광도계를 어떻게 제작할 수 있을까?'라는 질문을 해결해야 하는 것으로, 광도계의 원리에 따라 간단한 형태의 광도계를 제작하는 활동으로 구성되어 있다. 두 번째 탐구활동은 '간이 광도계로 태양의 광도를 어떻게 측정할 수 있을까?'라는 질문을 해결해야 하는 것으로, 광도계의 원리를 적용하여 태양의 광도를 측정하는 활동으로 구성되어 있다.

〈탐구활동자료 1〉 영재학급 학습자료 1학년(2012)

1. 이론

가. 태양 에너지

태양은 반지름이 약 7×10^5㎞로 지구보다 약 109배 크고, 질량은 약 2×10^{30}㎏으로 지구보다 약 330,000배나 무거우며, 수소와 헬륨으로 이루어진 거대한 기체구이다. 태양은 내부에서 수소의 핵융합 반응으로 에너지를 생성하며, 이에 의해 태양의 표면에서는 약 4×10^{26}W의 에너지가 방출된다. 이와 같은 사실은 1930년대에 이르러서야 겨우 밝혀졌다.

실제로 별들은 중심부에서 수소 핵융합반응을 하여 에너지를 생성하는데, 수소가 핵융합반응을 하면 어떻게 에너지가 생성되는 것일까? 수소 핵융합반응에서는 아래 그림과 같이 수소 원자핵 4개가 융합하여 헬륨원자핵 1개를 만든다.

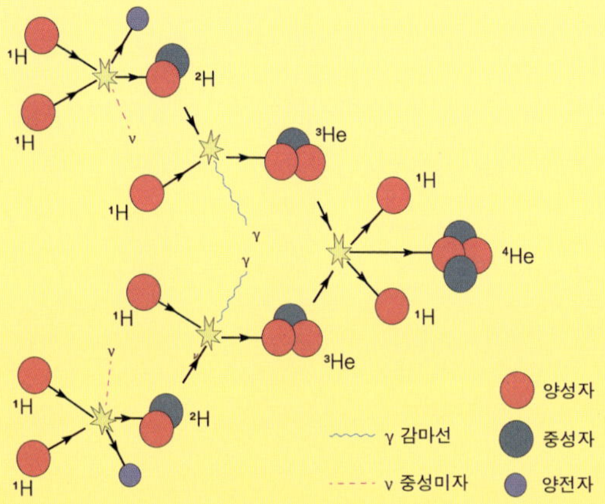

이때 수소원자핵 4개의 질량보다 헬륨원자핵 1개의 질량이 적다. 따라서 수소 핵융합반응이 일어나면 헬륨이 만들어지면서 질량이 감소하여, 이때 감소한 질량이 에너지로 전환되는 것이다.

4수소원자핵 = 6.693×10^{-27}kg
- 1헬륨원자핵 = $6,645\times10^{-27}$kg

질량감소량 = 0.048×10^{-27}kg

수소 핵융합이 일어나기 위해서는 일정한 온도 이상이 되어야 하며, 그 온도는 약 1.2×10^{7}K이다. 태양의 경우 중심온도는 약 1.5×10^{7}K로 태양의 중심부에서는 수소 핵융합반응이 일어난다. 이와 같이 별은 수소 핵융합반응에 의해 생성된 에너지를 우주로 방출한다. 우주에 있는 수많은 별에서 방출되는 에너지 중에서 태양에너지는 지구에 사는 우리에게 꼭 필요한 에너지원이다. 지구에 도달하는 태양에너지의 양이 조금만 달라져도 지구에서 생존할 수 있는 생명체는 하나도 없을지도 모른다. 그렇다면 별에서 만들어진 에너지는 어떻게 우주로 방출될까?

에너지가 전달되는 과정은 전도, 대류, 복사의 세 가지가 있는데, 대부분의 별에서 주요한 에너지 전달방법은 복사이다. 태양의 경우 중심부에는 복사층이 있고 그 바깥에는 대류층이 있다. 복사층에서는 중심부에서 만들어진 광자를 통해 에너지가 복사되어 나가며, 이 광자가 대류층에 이르면 광자에 의해 고온이 된 기체가 대류하면서 태양의 표면까지 에너지를 전달한다. 태양표면에서 에너지는 복사되어 우주공간으로 방출된다.

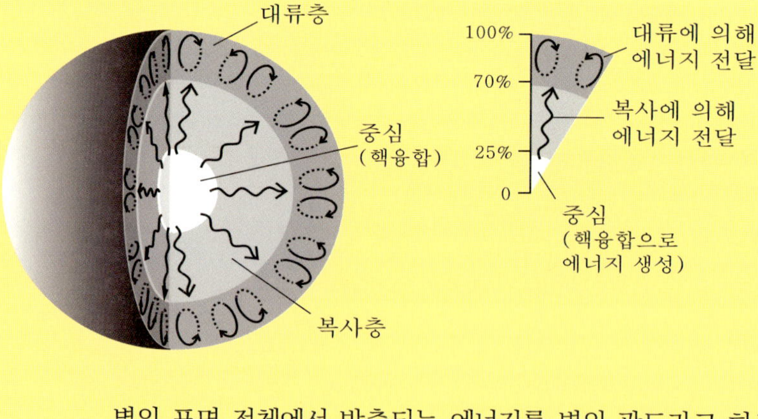

별의 표면 전체에서 방출되는 에너지를 별의 광도라고 하므로, 태양의 표면에서 복사되어 나오는 에너지는 바로 태양의 광

도가 된나. 별의 광도는 별 반지름의 제곱에 비례하고 표면온도의 네제곱에 비례한다. 따라서 태양의 반지름과 태양의 표면온도를 알면 태양의 광도를 알 수 있다. 한편, 태양의 광도는 태양 상수를 알아도 구할 수 있다. 태양 상수란 무엇일까?

나. 태양 상수

지구가 태양에서 받은 복사에너지의 양은 시간에 따른 변화량이 매우 적기 때문에 거의 일정하므로 태양 상수라고 한다. 태양 상수는 지구가 태양에서 1AU 거리의 위치에서 햇빛에 직각인 단위 면적에 입사하는 모든 파장의 에너지를 말한다. 태양 상수의 값은 1.96cal/㎠·min(1367W/㎡)로 보며 그 변동 폭은 수년에 걸쳐 1% 미만이다.

태양 상수는 햇빛에 대하여 직각인 단위 면적이 받는 에너지이므로 구형인 전 지구 표면에서 단위 면적당 받는 에너지는 다음과 같이 구할 수 있다.

$$\frac{1367\mathrm{W/m^2} \times \pi R^2}{4 \times \pi R^2} \fallingdotseq 342\mathrm{W/m^2} \qquad (R= \text{지구의 반지름})$$

이 값은 전 지구 표면의 1㎡마다 100W 전구 3.4개를 언제나 켜 놓은 양에 해당한다. 그러면 태양 상수를 이용하여 어떻게 태양의 광도를 알까?

태양 상수는 태양에너지(광도)가 1.5×10^8km의 거리에 도달했을 때의 플럭스이다. 플럭스는 광원으로부터의 거리(r)의 역제곱만큼 감소하므로 태양의 광도를 구하려면 태양상수에 $4\pi r^2$을 곱하면 된다(r=태양에서 지구까지의 거리).

다. 빛의 세기와 플럭스

멀리 떨어진 광원에서 오는 에너지는 복사의 '세기(intensity)'와 '플럭스(flux)'로 구별해야 한다.

광원의 세기(I)는 방향에 의존하는 양으로, 단위 시간Δt, 광원의 단위 면적 ΔA, 진동 수 단위 구간 $\Delta\nu$, 주어진 방향에 단위 입체각 $\Delta\Omega$로 방출되는 에너지양이다. 그림에서 보는 바와 같이 광선의 입체각은 광선이 반지름 r인 구면에 마주치는 넓이 $\Delta\alpha$와 다음과 같은 관계가 있다.

$$\Delta\Omega = \Delta\alpha / r^2$$

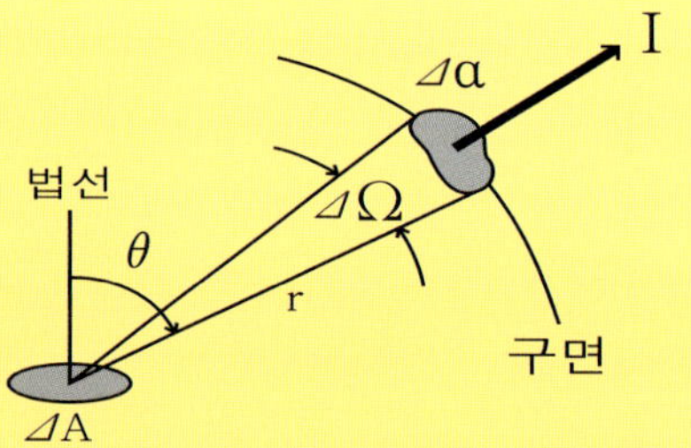

빛의 세기

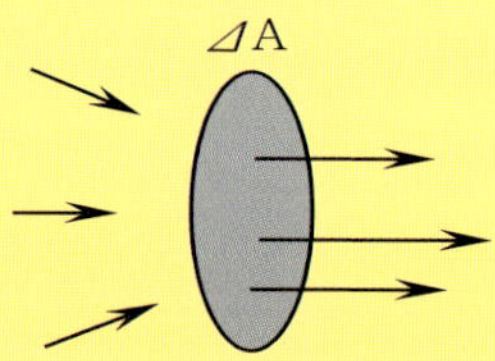

플럭스

입체각의 단위는 스테라디안(sr)이고, 전 구면의 입체각은 구의 표면적 $\Delta\alpha = 4\pi r^2$에 대한 것이므로 4π sr이다. 세기의 단위는 $W/m^2 \cdot Hz \cdot sr$를 사용한다. 이와 달리 표면적이 A인 구형의 별에서 나오는 총 에너지(E)를 천문학자들은 광도(L)라고 한다. 즉, 광도는 모든 파장에서 나오는 광원의 세기를 말한다. 따라서 E나 L의 단위는 와트를 사용한다.

플럭스(F)는 우리가 망원경에서 측정하는 양과 직접 관련된다. 어떤 표면 또는 검출기에 들어오는 에너지의 플럭스는 단위 시간(Δt)에 단위 면적(ΔA)으로 진동수의 단위 구간($\Delta \nu$)으로 흐르는 에너지양이 되는 것이다. 예를 들면, 어떤 별이 L의 에너지를 방출한다면, 반지름 R인 동심 구면을 통과하는 에너지 플럭스는 다음과 같다.

* $F=L/4\pi R^2$

즉, 복사 플럭스는 거리의 역제곱만큼 감소한다.

세기는 별과 관측자 사이의 거리와 무관한 반면, 플럭스는 거리의 역제곱에 반비례한다. 예를 들면 지구와 화성에서 망원경으로 태양의 플럭스를 측정할 경우, 화성에서의 플럭스는 $(1/1.5)^2$ 로 또는 44%로 줄게 된다. 그러나 태양면의 한 면적에서의 에너지를 관측하면 두 행성에서 측정되는 세기는 같다.

2. 탐구 활동

가. 탐구 목표

- 광도계의 원리를 알 수 있다.
- 광도계로 태양의 광도를 측정할 수 있다
- 플럭스평형의 원리를 적용하여 태양의 광도를 구할 수 있다.

나. 준비물

양초, 은박지, 검은 종이, 칼, 가위, 테이프, 20W LED 전구 또는 100W 백열전구

다. 과정 및 결과

1) 간이 광도계 만들기(실험설계)

(가) 광도계 제작 단계를 제시하여 보시오.
(그림으로 나타내어도 됨)

(나) 친구들의 광도계와 비교하여 개선해야 할 점을 정리하시오.

2) 태양의 광도 측정(측정)

(가) 태양의 광도를 어떻게 측정하였는지 과정을 설명하시오.(광도 측정 상황을 간단하게 스케치하여 나타내도 됨)

(나) 태양의 광도를 측정하기 위한 실험에서 어려웠던 점과 유의점을 정리해 보시오.

(다) 결과

태양의 광도 실험값: ________ W

실제 태양의 광도는 약 (   )W이다.

실험값과 비교하여 보자.

라. 고찰 토의

1) 태양의 광도 측정 원리

태양 빛이 거리 r만큼 떨어져 있는 물체에 도달했을 때의 밝기(F)는 거리 제곱에 반비례한다. 즉, $F = \frac{L}{4\pi r^2}$ 로, F는 단위시간당, 단위면적당 태양의 광도(L)이다. (r은 태양과 행성사이의 거리이며, 지구까지의 거리는 1.5×10^{13} ㎝이다). 여기서 우리가 F를 구할 수 있다면 태양의 광도를 알 수 있게 된다. F는 전등과 측정기구 사이의 거리를 조절하여 구할 수 있다.

전구의 절대 밝기를 ℓ이라고 하고, 전구와 측정 기구 사이의 거리를 d라고 할 때, $L = \frac{\ell \cdot r^2}{d^2}$ 으로부터 태양의 광도는

$L = \frac{100\times(1.5\times10^{13})^2}{d^2}$ W의 식이 되므로 d를 알면 태양의 광도를 구할 수 있다.

2) 실험 단계 고찰

(가) 간이 광도계와 전등 사이의 거리를 결정할 때 판단 기준은 무엇인가?

(나) 태양의 광도를 측정하기위해 전등을 사용하였으며, 이때 검은 종이를 사이에 두고 양초의 명암이 같아지도록 하였다. 양초의 양쪽 명암이 같다는 것은 무엇을 의미하는 것일까?

(다) 실험에서 측정한 전등과 양초 사이의 거리로 태양의 광도를 어떻게 구할 수 있는가?

1) 질문 1 해결하기

① 해결방법

이 질문을 해결하기 위해서는 광원의 광도와 플럭스(flux) 개념을 이해하고 일반적으로 사용되는 광도계의 원리를 먼저 조사해야 한다. 탐구는 태양의 광도를 측정하는 것이며, 광도계는 두 광원의 플럭스를 비교하여 광도를 측정할 수 있는 도구이다. 따라서 광도계를 사용하면 광도를 모르는 태양이라는 광원의 플럭스와 광도를 알고 있는 전등이라는 광원의 플럭스를 비교하여 태양의 광도를 측정할 수 있다. 두 광원의 플럭스 비교는 광도가 서로 다른 태양과 전등 사이에 광도계를 두고 광도계에 도달하는 두 광원의 플럭스가 평형이 되도록 전등의 위치를 조절하는 것이다. 이와 같은 방법으로 두 광원과 광도계 사이의 거리를 알아내면, 이를 광도와 플럭스와의 관계식과 플럭스 평형 개념에 적용시켜 태양의 광도를 구할 수 있다. 결론적으로 질문 1을 해결하기 위해서는 광도, 플럭스, 광도와 플럭스와의 관계, 플럭스의 평형 개념이 필요하다. 이 개념과 광도계의 구조와 기능을 바탕으로 주어진 준비물을 이용하여 [그림 49]와 같은 간이 광도계를 제작하면 된다.

[그림 49] 간이 광도계

위 질문을 해결하는 과정에서는 광도계의 원리, 광도와 플럭스 개념, 광도와 플럭스의 관계, 플럭스의 평형에 대한 개념, 그리고 변인설정(태양과 전등의 플럭스가 같을 때의 전등과 간이 광도계 사이 거리), 의사소통(광도계 제작단계를 서술 또는 그림으로 제시)의 과학과정기술을 쓰고 있다. 이러한 과학과정기술을 사용하여 알게 된 데이터의 특징에서 다음과 같은 과학적인 해결을 할 수 있다.

② 과학적 해결

간이 광도계를 제작하기 위해 양초를 2등분하고, 그 사이에 은박지를 끼워 두 광원의 빛이 은박지를 사이에 두고 서로 통과하지 못하도록 한다. 이는 양초의 양쪽 부분이 광원에 의해 밝아지는 정도가 각각의 광원에 의한 것이라야 하기 때문이다. [그림 49]의 간이 광도계는 다음과 같은 추론에 의해 제작되었다.

① 간이 광도계의 밝기를 비교하면 두 광원의 플럭스를 비교할 수 있다.

② 두 광원의 플럭스를 비교하려면 밝기를 비교하는 창이 2개 필요하다.

③ 간이 광도계의 각 비교창은 다른 광원에 의해 방해를 받지 않아야 한다.

④ 창의 밝기를 잘 비교하려면 창 주변은 어두워야 한다.

⑤ 그러므로 양초를 2등분하여 그 사이에 은박지를 끼워 고정하면 각 양초에 들어오는 광원의 빛이 다른 쪽 양초에는 통과하지 못한다. 양초의 주변을 검은색 도화지로 둘러싼 후 2등분 된 각 양초에 창을 각각 내면 창 주변이 어두워 창을 통해 밝기 비교가 잘 된다.

"간이 광도계를 어떻게 제작할 수 있을까?"라는 질문은 광도와 플럭스 개념, 광도계의 원리를 토대로 간이 광도계의 구조와 기능에 대한 사실지식을 얻고, 이 사실지식을 모형으로 제작해냄으로써 해결된다. 이때 간이 광도계라는 사실지식(⑤)은 ①~④ 과정에 함축되어 있으므로 연역추론에 의한 설명으로 얻어진 것이다.

2) 질문 2 해결하기

① 해결방법

이 질문을 해결하기 위해서는 간이 광도계의 사용법을 알아야 하고, 태양의 광도를 계산하기 위해서는 간이 광도계에 도달한 태양과 전등의 플럭스를 같게 해야 함을 아는 것이 중요하다. 필요한 값을 측정하였으면 광도와 플럭스와의 관계식과 플럭스

평형의 개념을 이용하여 태양의 광도를 계산하면 된다.

앞의 질문을 해결하는 과정에서는 관찰(간이 광도계의 비교창이 같은 밝기가 되는 지점을 찾기 위해 간이 광도계와 전등사이의 거리를 조절하면서 비교창을 비교 관찰), 가설설정(태양과 전등의 플럭스가 같을 때 전등의 광도, 전등과 간이 광도계 사이의 거리, 태양과 지구 사이의 거리를 이용하면 태양의 광도를 구할 수 있다는 관계식이 질문을 해결할 수 있음이 가설로 설정)의 과학과정기술이 쓰이고 있다. 이러한 과학과정기술을 사용하여 알게 된 데이터의 특징에서 다음과 같은 과학적인 해결을 할 수 있다.

② 과학적 해결

이 탐구는 태양에서 나온 빛이 간이 광도계에 도달했을 때 밝기를 이용해서 태양의 광도를 구하려는 것이다. 태양의 광도를 구하기 위해 전등과 간이 광도계 사이의 거리, 전등의 광도, 태양과 지구 사이의 거리를 알아 낸 다음, 이 세 값을 다음의 광도, 플럭스, 거리 관계식에 적용한다.

$F = \frac{L}{4\pi r^2}$ (F: 플럭스, r: 광원과 물체와의 거리, L: 광도)

위 식에서 광도가 L인 광원에서 나온 빛이 거리가 r만큼 떨어져 있는 물체에 도달했을 때의 밝기 즉, 플럭스(F)는 거리 제곱에 반비례한다는 것을 알 수 있다. 먼저 식에서 L을 태양의 광도, r을 태양과 지구사이의 거리로 두고 태양의 플럭스(F)를 구하는 식을 세운다. 다음은 광도가 ℓ인 전등이 거리 d만큼 떨어져 있는 간이 광도계에 도달했을 때 전등의 플럭스(f)를 앞의 식에 적용하여 $f = \frac{\ell}{4\pi d^2}$로 식을 세운다.

앞의 식들을 간이 광도계에 들어온 두 광원의 플럭스가 평형할 때 적용하면 F = f가 되며, 이를 정리하면 태양의 광도 L을 구하는 식은 $L = \frac{\ell \times r^2}{d^2}$이 된다. 따라서 이 식에 태양과 지구까지의 거리(r), 전등의 광도(ℓ), 전등과 간이 광도계 사이의 거리(d)를 대입하여 태양의 광도를 구할 수 있다.

태양의 광도 측정은 다음과 같은 추론에 의해 이루어졌다.

① 간이 광도계의 양쪽 창의 밝기가 같으면 두 광원의 플럭스가 같다.
② 두 광원은 태양과 전등이다.
③ 두 광원의 플럭스가 같을 때 전등과 간이 광도계 사이의 거리(d)를 측정한다.
④ 두 광원의 플럭스가 같을 때 $L = \frac{\ell \times r^2}{d^2}$ 식이 유도된다.
⑤ 전등의 광도, 전등과 간이 광도계 사이 거리, 태양과 지구 사이의 거리를 알면 ④의 식에서 태양의 광도를 구할 수 있다.

⑥ 그러므로 측정한 값 d, 전등의 광도, 태양과 간이 광도계(지구) 사이의 거리 값을 $L = \frac{\ell \times r^2}{d^2}$ 식에 대입하면 태양의 광도를 알 수 있다.

"간이 광도계로 태양의 광도를 어떻게 측정할 수 있을까?"라는 질문은 간이 광도계 제작, 간이 광도계로 실험하여 필요한 데이터 측정(전등과 간이 광도계 사이의 거리), 측정한 데이터와 그 외 더 조사한 데이터(태양과 지구 사이의 거리)를 식에 적용하여 구해보는 과정을 통해 해결되었다. 해결과정에서 플럭스의 평형이라는 개념지식을 토대로 태양의 광도라는 사실지식(⑥)을 얻게 된다. 이러한 사실지식은 전제 ①~⑤의 과정에 함축되어 있으므로 연역추론에 의한 설명으로 얻어진 것이다.

2. 별자리의 이동

다음 자료는 탐구활동 2개로 이루어져 있다. 첫 번째 탐구활동은 '하룻밤 동안 별자리는 어떻게 이동할까?'라는 질문을 해결해야 하는 것으로, 하룻밤 동안 일정한 시간 간격으로 밤하늘에서 별자리의 움직임을 살펴보는 활동으로 구성되어 있다. 두 번째 탐구활동은 '여러 날 동안 별자리는 어떻게 이동할까?'라는 질문으로, 보름 간격으로 같은 시간에 서쪽 하늘을 관측하여 별자리의 움직임을 살펴보는 활동으로 구성되어 있다. 그리고 2개의 탐구 활동은 모두 관찰된 현상에 대해 설명하도록 되어 있다. 이와 같이 설명하도록 하는 것은 과학지식이 데이터를 토대로 알게 된 현상에 대한 설명이기 때문이다.

별자리의 이동

1. 하룻밤 동안의 별자리 이동

다음 그림들은 어느 가을날 하룻밤 동안 관측한 오리온자리의 위치를 3시간 간격으로 나타낸 것이다.

(가) (나) (다) (라)

과정

1. 투명용지를 (가)~(라)에 각각 대고 오리온자리를 정확히 옮겨 그리자.
2. 네 장의 그림을 서로 겹쳐 놓고 오리온자리의 모양이 일정하게 유지되는지 살펴보자.
3. 시간의 흐름에 따라 오리온자리가 보이는 방향이 어떻게 변하는지 살펴보자.

결과 및 정리

1. 오리온자리를 구성하는 각 별들의 상대적 위치는 시간에 따라 어떻게 변하는가?

2. 하룻밤 동안 오리온자리가 이동하는 방향과 놓인 모습에 대하여 설명해보자.

2. 여러 날 동안의 별자리 이동

다음 그림은 북반구 중위도의 서쪽 하늘에서 6월 15일부터 7월 15일까지 보름 간격으로 같은 시각에 관측한 사자자리를 나타낸 것이다.

(가) (나) (다)

과정

1. 투명용지를 (가)~(다)에 각각 대고 사자자리를 정확히 옮겨 그리자.

2. 세 장의 그림을 서로 겹쳐 놓고 사자자리의 모양이 일정하게 유지되는지 살펴보자.

3. 날짜에 따라 사자자리가 보이는 방향이 어떻게 변하는지 살펴보자.

결과 및 정리

1. 사자자리를 구성하는 별들 사이의 상대적 위치는 시간에

따라 어떻게 변하는가?

2. 한 달 동안 사자자리가 이동하는 방향과 놓인 모습에 대하여 설명해보자.

1) 질문 1 해결하기

① 해결방법

탐구 1의 질문 '하룻밤 동안 별자리는 어떻게 이동할까?'를 해결하기 위해 과정 1에서는 3시간 간격으로 관찰한 오리온자리를 사진 4장으로 제시하고 이를 한 장에 모으도록 되어 있다. 자료로 제시된 사진 4장은 데이터 수집에 해당하는 활동이며, 과정 1은 4장의 자료로 제시된 데이터를 변형하는 활동이다. 데이터를 변형하게 되면 데이터의 경향을 찾는 것이 쉬워진다.

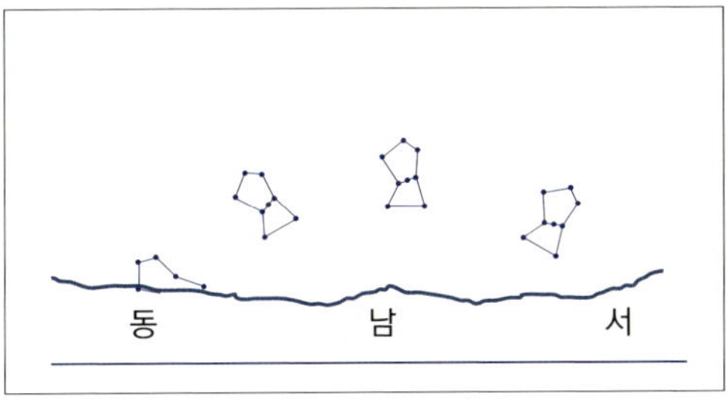

[그림 50] 오리온자리의 일주운동

즉, 4장의 사진을 1장에 모으면(데이터를 변형) [그림 50]과 같이 오리온자리가 동쪽 지평선에서 떠서 남쪽, 서쪽으로 이동하는 것(데이터의 경향)을 쉽게 볼 수 있다.

과정 2에서는 4장의 사진에서 오리온자리의 모습을 비교하여 시간에 따라 그 모습이 일정하게 유지되고 있음을 확인하는 것이다.

과정 3에서는 관측된 오리온자리의 위치 변화를 토대로 오리온자리가 움직이는 방향을 찾도록 하고 있다. 과정 1에서 오리온자리를 한 장에 모으는 변형활동을 하였기 때문에 과정 3에서 요구하는 오리온자리의 이동 방향을 쉽게 읽을 수 있다. 즉, 오리온자리는 동에서 떠서 남으로 이동한 후 서에서 진다. 이 밖에 자료에서 더 알 수 있는 것은 오리온자리가 동에서 남으로 이동하는 동안 오리온자리의 고도는 점점 높아지고, 남중할 때 가장 높고, 남에서 서로 이동하는 동안 점점 낮아지고 있다는 것이다. 이는 오리온자리의 이동경로이므로 관측자의 위치에서 보이는 오리온자리의 일주권을 알 수 있다.

결과 및 정리 1에서는 오리온자리의 모습이 일정하게 유지되는 것을 토대로 시간에 따라 오리온자리를 구성하는 별들의 상대적인 위치가 변하지 않는다고 정리할 수 있다. 결과 및 정리 2에서는 하룻밤 동안 오리온자리(별자리)가 동에서 서로 이동하고 모습이 변하지 않은 것이 지구가 하룻밤 동안 서에서 동으로 이동하기 때문이라고 설명할 수 있다.

탐구 과정에는 과학과정기술로 관찰(별자리 관찰-탐구에서는 관찰한 사진이 제시됨)이 사용되고 있으며, 이렇게 수집된 데이터를 분석하여 해석(3시간 간격의 별자리 사진 데이터를 모아 분석, 오리온자리는 모습이 변하지 않으면서 동에서 서로 이동하고 있음을 해석)하도록 되어 있다. 이때, 관찰에 의한 데이터는 자료로 제시되어 있으므로 직접 수행해야 하는 과학적인 해결방법은 데이터 분석과 해석이다. 이러한 해결방법으로 알게 된 데이터의 특징에서 다음과 같은 과학적인 해결을 할 수 있다.

② 과학적 해결

탐구 1은 하룻밤 동안 별자리의 모습과 위치변화를 관찰한 자료를 해석하는 활동이다. 별자리의 모습이 변하지 않는 것으로부터 별자리가 하룻밤 동안 이동하는 현상이 실제로 별자리를 이루는 별이 각각 이동해서 관측되는 현상이 아님을 알 수 있다. 이로부터 별자리의 이동이 지구가 하룻밤 동안 회전하기 때문에 나타나는 현상임을 추론하는 것이다. 이와 같은 추론을 하는 데 도움이 되는 유추가 있다. 일상생활에서 경험할 수 있는 것으로 우리가 제자리에서 스스로 회전하면서 주변을 관찰하면, 주변의 물체들이 우리가 회전하는 방향과 반대방향으로 회전하는 것처럼 보인다. 이와 같이 친숙해져 있는 상황에서 유추하여 별의 일주운동이 지구자전에 의해 나타난 현상이라는 설명을 할 수 있다. 그러므로 별의 일주운동이 시계방향인 동에서 서로 회전하는 현상은 지구가 시계 반대방향인 서에서 동으로 자전하기 때문이라고 설명할 수 있는 것이다.

탐구 1에서 하룻밤 동안의 별자리 이동에 대한 설명은 다음의 추론으로 이루어진다.

① 하룻밤 동안 오리온자리의 모습은 변하지 않는다.

② 오리온자리를 이루는 별의 상대적인 위치는 달라지지 않는다.

② 오리온자리를 이루는 별의 상대적인 위치는 달라지지 않는다.

③ 하룻밤 동안 오리온자리는 동→서로 이동한다.

④ 지구가 서→동으로 자전한다면 오리온자리를 이루는 별은 상대적인 위치가 달라지지 않으면서 동→서로 이동해 보인다.

⑤ 오리온자리를 이루는 별의 상대적인 위치가 달라지지 않으면서 동에서 서로 이동하는 것은 하룻밤 동안 지구가 서→동으로 자전하기 때문이다.

②는 사실지식인 전제 ①로부터 추론된 개념지식이며, 이는 전제가 개연적으로 지지하고 있으므로 귀납추론에 의한 설명으로 얻어진 것이다. 이와 달리 추론 ⑤는 가설 ④를 생성하여 전제 ②와 ③을 설명하고 있으나, 전제 ②와 ③에 함축되어 있지는 않기 때문에 귀추추론에 의한 설명이다. 지구의 자전(가설 ④)을 생성하는 데 도움이 되는 유추는 일상생활에서 정지해 있는 물체가 움직이는 사람이 볼 때 움직이는 방향과 반대방향으로 이동하는 것처럼 보이는 현상이다. 그러나 이러한 유추를 하지 않고 전제 ②와 ③에서 오리온자리를 이루는 별이 상대적인 위치는 달라지지 않으면서 실제로 지구를 중심으로 동→서로 이동한다는 별의 일주운동으로 설명할 수도 있다. 따라서 귀추추론에 의해 생성된 지식인 지구의 자전은 검증이 되어야 한다. 탐구 1에서 알아내고

자 한 지구의 자전은 푸코의 진자에 의해 증명되었으며, 인공위성 궤도의 서편현상이나 코리올리효과도 그 증거이다.

결과적으로 "하룻밤 동안 별자리는 어떻게 이동할까?"라는 질문은 귀납추론에 의한 사실지식 '별자리를 이루는 별의 상대적인 위치는 달라지지 않는다.'와, 귀추추론에 의한 개념지식 '지구는 하룻밤 동안 동→서로 자전한다.'를 얻으면서 해결된다.

2) 질문 2 해결하기

① 해결방법

탐구 2의 질문 '여러 날 동안 별자리는 어떻게 이동할까?'를 해결하기 위해 과정 1에서는 보름 간격으로 같은 시각에 관찰한 사자자리를 사진 3장으로 제시하고, 이를 한 장에 모으도록 되어 있다. 사진 3장은 데이터 수집에 해당하는 활동으로 탐구 1에서와 같이 자료로 제시되어 있으며, 과정 1에서 요구하는 활동은 자료로 제시된 데이터를 변형하는 것이다.

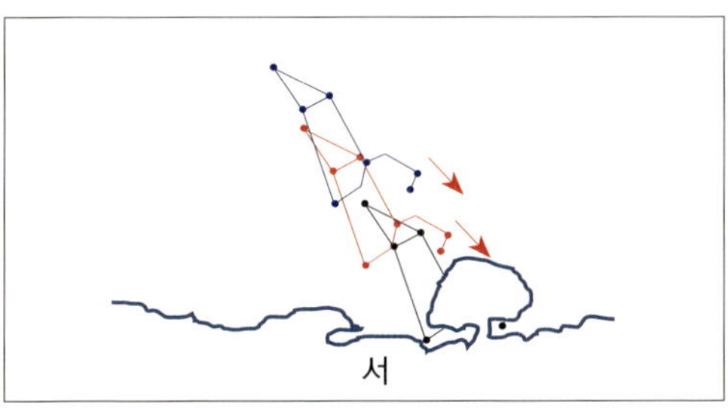

[그림 51] 별자리의 연주운동

3장의 사진을 1장에 모으면(데이터를 변형) [그림 51]과 같이 사자자리가 서쪽으로 이동하는 것(데이터의 경향)이 쉽게 해석된다. 이는 계절에 따라 밤하늘의 별자리가 달라지는 현상을 말해준다. 즉, 별자리가 [그림 51]과 같이 이동하므로 계절에 따라 밤 9시에 남쪽하늘에서 볼 수 있는 별자리가 달라지는 것이다.

과정 2에서는 3장의 사진으로 제시된 사자자리의 모습을 비교하여 모양이 일정하게 유지되는지 확인하는 것이다.

과정 3에서는 관측된 사자자리의 위치 변화를 토대로 사자자리가 움직이는 방향을 찾도록 하고 있다. 과정 1에서 사자자리를 한 장에 모으는 변형활동을 하였기 때문에 과정 3에서 요구하는 사자자리의 이동 방향을 쉽게 읽을 수 있다. 그런데 탐구 2는 같은 시각에 관측한 것이므로 데이터의 변형으로부터 태양과 별자리의 상대적인 위치가 변하는 현상을 읽을 수 있어야 한다. 즉, [그림 51]과 같이 태양을 기준으로 하면 별자리가 동에서 서로 이동하는 현상이라고 할 수 있지만, [그림 52]와 같이 별자리를 기준으로 하면 태양이 서에서 동으로 이동하는 현상이라고도 할 수 있다.

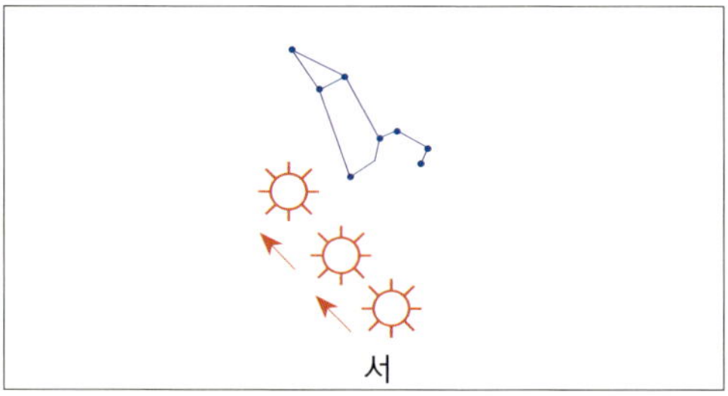

[그림 52] 태양의 이동

[그림 52]는 3장의 사진 데이터를 사자자리를 기준으로 1장에 모은 것으로써 태양이 서에서 동으로 이동하는 것이 쉽게 해석된다. 이때 탐구활동자료에 주어진 사진에는 보이지 않는 태양이 [그림 52]에 표시되어 있는데, 이는 사자자리를 관찰한 시각을 해가 진 직후라고 보고 제시된 3장의 사진에 '서'라는 글자가 있는 위치에 태양을 대신 그려 넣은 것이다.

결과 및 정리 1에서는 사자자리의 모양이 일정하게 유지되는 것을 토대로 날짜에 따라 사자자리를 구성하는 별들의 상대적인 위치는 변하지 않는다고 정리할 수 있다. 결과 및 정리 2에서는 사자자리의 위치가 달라지고 모습은 변하지 않는 현상이 지구가 태양을 중심으로 서에서 동으로 공전하기 때문이라고 설명할 수 있다.

탐구 과정은 과학과정기술로 관찰(별자리 관찰-탐구에서는 관찰한 사진이 제시됨)을 다루고 있으며, 이로부터 얻은 데이터를 분석하고 해석(보름 간격의 별자리 사진 데이터를 모아 분석, 사자자리는 모습이 변하지 않으면서 동에서 서로 이동하고 있음을 해석, 태양이 서에서 동으로 이동하는 경향을 해석)하도록 되어 있다. 이때 관찰에 의한 데이터는 자료로 제시되어 있으므로 직접 수행해야 하는 과학적 해결방법은 데이터 분석과 해석이다. 이러한 해결방법으로 알게 된 데이터의 특징에서 다음과 같은 과학적인 해결을 할 수 있다.

② 과학적 해결

탐구 2는 한 달 동안 같은 시각에 별자리의 모습과 위치변화를 관찰한 자료를 해석하는 활동이다. 별자리의 모습이 변하지 않는 것으로부터 별자리가 며칠 동안 이동하는 현상이 실제로 별자리를 이루는 별이 각각 이동해서 관측되는 현상이 아님을 알 수 있다. 그리고 한 달 동안 같은 시각에 관찰한 것이므로 별자리와 태양의 상대적인 위치가 달라진 것이라는 것도 알 수 있다. 이로부터 매일 별자리가 이동한 것은 지구가 공전했기 때문에 나타난 현상이라는 것을 추론하는 것이다. 이와 같은 추론에 도움이 되는 유추가 있다. 지구의 자전에서 유추한 것처럼 일상생활에서 경험할 수 있는 것이다. 즉, 우리가 정지해 있는 어떤 물체를 중심으로 회전하면 우리의 주변은 우리가 회전하는 방향과 반대방향으로 회전하는 것처럼 보이고, 중심에 있는 물체는 우리가 회전하는 방향과 같은 방향으로 위치가 변하는 것을 경험할 수 있다. 이때, 지구는 우리, 별자리는 우리의 주변, 태양은 중심에 있는 정지한 물체에 유추한 것이다. 이와 같이, 친숙해져 있는 상황에서 유추하여 계절에 따라 별자리가 이동하는 현상 또는 태양이 이동하는 현상을 지구가 공전하기 때문이라고 추론하여 설명할 수 있는 것이다.

탐구 2에서 한 달 동안의 별자리 이동에 대한 설명은 다음의 추론으로 이루어진다.

① 한 달 동안 사자자리의 모습은 변하지 않는다.

② 별자리를 이루는 각 별의 상대적인 위치는 달라지지 않는다.

② 별자리를 이루는 각 별의 상대적인 위치는 달라지지 않는다.

③ 태양을 기준으로 별자리는 동→서로 이동한다.

④ 태양과 별자리의 상대적인 위치가 달라진다.

② 별자리를 이루는 각 별의 상대적인 위치는 달라지지 않는다.

④ 태양과 별자리의 상대적인 위치가 달라진다.

⑤ 지구가 태양을 중심으로 공전한다면 별자리를 이루는 각 별의 상대적인 위치는 달라지지 않으면서 태양과 별자리의 상대적인 위치가 달라진다.

⑥ 별자리의 상대적인 위치가 달라지지 않으면서 태양과 별자리의 상대적인 위치가 달라지는 것은 지구가 태양을 중심으로 공전하기 때문이다.

결론 ②는 전제 ①이, 결론 ④는 전제 ②와 ③이 각각 개연적으로 지지하고 있으므로 귀납추론에 의한 설명으로 얻어진 개념지식이다. 결론 ⑥은 ②와 ④를 전제로 추론된 것으로 이들 전제에 함축되어 있지 않으며, 가설 ⑤를 생성하여 얻어진 개념지식이므로 귀추추론에 의한 설명이다. 가설 ⑤(지구의 공전)를 생성하는데 도움이 되는 유추는 일상생활에서 정지해 있는 물체를 중심으로 사람이 움직이면서 볼 때 주변과 정지해 있는 물체의 상대적인 위치가 달라지는 현상이다. 이때 이러한 유추를 하지 않고 전제 ②와 ④에서 태양이 이동한다는 태양의 연주운동으로 설명할 수도 있다. 따라서 귀추추론에 의한 결론인 지구의 공전은 검증이 되어야 한다. 실제로 탐구 2에서 알아내고자 한 지구의 공전은 금성의 위상과 크기변화, 연주시차, 광행차현상, 별빛 스펙트럼에서의 도플러 현상 등에 의해 증명되었다.

결과적으로 '여러 날 동안 별자리는 어떻게 이동할까?'라는 질문은 귀납추론에 의한 개념지식 '별자리를 이루는 별의 상대적인 위치는 달라지지 않는다.', '별자리와 태양의 상대적인 위치가 달라진다.'와 귀추추론에 의한 개념지식 '지구는 태양을 중심으로 공전한다.'를 얻으면서 해결된다.

3. 태양의 흑점 관측과 자전주기 구하기

다음 탐구활동은 '태양의 자전주기는 어떠할까?'라는 질문을 해결해야 하는 것으로, 며칠 동안 태양의 흑점을 관측하여 해결하도록 구성되어 있다. 그리고 태양의 자전주기의 특징을 설명하도록 되어 있다.

〈탐구활동자료 3〉 고등학교 지구과학 Ⅰ (2013)

탐구) 태양의 흑점 관측과 자전주기 구하기

다음은 SDO가 어느 해 10월 15일부터 10월 26일까지 태양 흑점을 매일 같은 시각에 촬영한 사진이다. 흑점의 위치 이동에 관한 자료를 정리하고 분석해 보자.

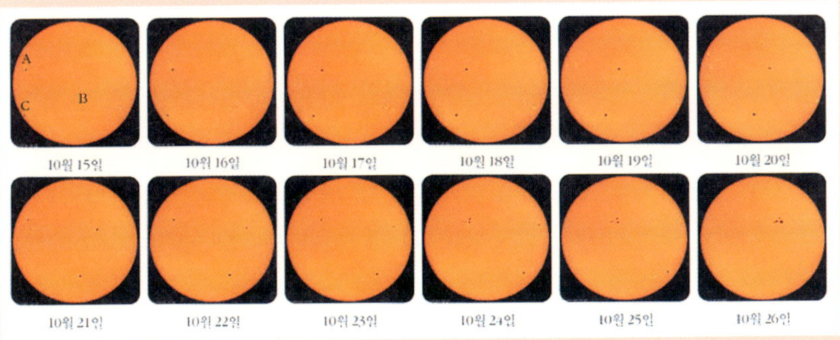

준비물

두꺼운 투명 비닐(10cm×10cm), 유성펜, 관찰 노트, 위의 사진 확대한 것(×2배)

과정

1. 투명 비닐 위에 아래 그림과 같이 경도와 위도를 나타낸 지름 5㎝의 원을 그린다.

2. 위의 자료에 나타난 태양의 흑점들을 위도에 따라 A, B, C의 위치를 표시한 후, 흑점들의 경도를 다음 표에 기록한다. (10월 16일부터 10월 26일까지의 사진에 대해 차례로 반복한다.)

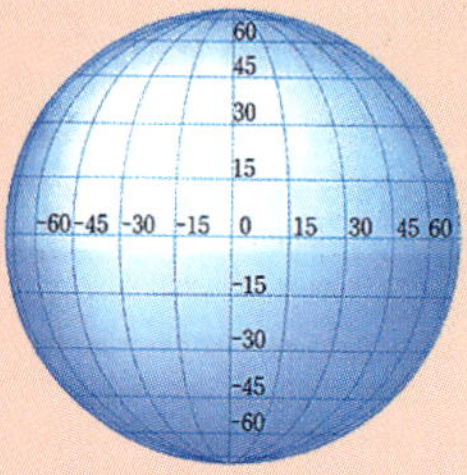

날짜	흑점 A 그룹	흑점 B 그룹	흑점 C 그룹
10월15일			
10월16일			
10월17일			
10월26일			

결과 및 정리

1. 흑점 그룹 A, B, C의 경도 변화를 비교해 보고, 이동속도에 차이가 있는지 말해 보자.

차이가 있다면 이동속도가 가장 빠른 그룹은 어느 것인가?

2. 흑점 그룹 A, B, C가 원래 위치로 되돌아오기까지는 각각 며칠이 걸리는지 계산해 보자. 태양의 자전주기는 위도에 따라 어떻게 달라지는가?

3. 태양의 자전주기가 위도에 따라 다른 이유를 설명해 보자.

1) 질문 해결하기

① 해결방법

질문 '태양의 자전주기는 어떠할까?'를 해결하기 위해 제시된 탐구 과정은 3단계이며, 과정 1에서는 주어진 흑점 관측 사진을 하나로 모으기 위해 위도와 경도를 표시한 지름 5㎝의 원을 투명 비닐 위에 그리도록 한다. 따라서 태양의 상이 5㎝가 되도록 확대하여 자료를 준비할 필요가 있다. 지름 5㎝인 원이 그려진 투명 비닐을 10월 15일부터 10월 26일까지 관측된 태양 사진에 맞추어 흑점을 그대로 옮겨 표시한다. 그 결과, 12개의 관측 사진에 기록된 흑점이 모두 하나의 원에 모이게 된다. 이 과정은 날짜에 따라 제시된 데이터를 한 곳에 모으는 데이터 변형과정이며, 변형이 이루어지고 나면 흑점의 이동이 어떤 경향을 보이는지 쉽게 알 수 있다.

과정 2는 과정 1에서 알게 된 흑점의 이동 경향을 위도에 따라 해석하기 위한 또 다른 변형 과정이다. 이 과정에서는 위도에 따라 흑점들을 A, B, C의 세 그룹으로 나누고 그룹에 따라 흑점의 경도를 표에 기록하도록 한다. 경도를 기록하게 하는 것은 그룹 간 흑점 이동의 특징을 수치로 명확하게 비교하기 위한 것이다. 표가 완성되면 세 그룹 간 흑점의 이동 경향을 비교하기 용이해진다.

결과 및 정리 1에서는 가장 저위도에 위치한 B그룹이 이동속도가 가장 빠르다고 정리할 수 있다. 결과 및 정리 2에서는 A, B, C그룹 각각의 흑점이 다시 원래의 위치로 되돌아올 때까지 걸린 시간이 그 위도에서 태양의 자전주기임을 정리하는 것이다. A, B,

C 그룹 각각의 흑점이 관측기간 동안 이동한 위치가 표에 정리되어 있으므로, 다음 식을 이용하여 흑점이 다시 원래의 위치로 되돌아올 때까지 걸린 기간 즉, 태양의 자전주기를 알 수 있다.

관측기간을 x일, 그동안 흑점이 이동한 위치를 θ, 태양의 자전주기를 X라고 했을 때, 지구의 운동을 고려하지 않으면 자전주기를 구하는 식은

$$x : \theta = X : 360^{\circ} \qquad \therefore X = \frac{x \times 360}{\theta}$$

이 된다.

A, B, C 그룹의 흑점의 위치변화로 알아낸 태양의 자전주기는 저위도일수록 짧고, 고위도일수록 길다는 것으로 정리할 수 있다. 실제로 갈릴레이가 최초로 태양의 흑점을 관측하여 태양이 자전한다고 증명하였다. 그는 태양의 자전주기가 약 한 달이 되지 않는다는 것을 알아냈다. 1859년에 리처드 케링턴은 태양의 적도 부분은 약 25일을 주기로 자전하고, 30° 부분은 자전주기가 적도보다 약 2.5일 더 길다는 것을 알아냈다. 그리고 1887년에서 1889년 사이에는 분광학을 이용하여 태양의 자전주기가 저위도에서 가장 빠르다는 것을 확증했다. 1973년에서 1977년 사이에는 도플러 현상을 이용하여 태양의 자전주기는 적도부근에서 평균 25.8일, 40° 부근에서는 28일, 80° 부근에서는 36.4일임을 측정했다.

결과 및 정리 3에서는 태양의 자전주기가 위도에 따라 다른 것은 태양이 유체이기 때문이라고 설명할 수 있다. 만약 태양이 지구와 같은 강체라면 위도에 따라 차등적으로 자전할 수 없기 때문이다.

탐구 과정에는 과학과정기술로 관찰(며칠 동안 흑점의 위치 관찰-탐구에서는 관찰사진이 제시됨)이 사용되었으며, 이로부터 얻은 데이터를 분석과 해석(흑점의 위치 데이터를 한 원에 모아 분석, 흑점의 이동방향 해석, 태양의 자전주기 해석, 위도에 따른 자전주기의 차이 해석)하도록 되어 있다. 이때 관찰에 의한 데이터는 자료로 제시되어 있고, 직접 수행해야 하는 과학적인 해결방법은 데이터 분석과 해석이다. 이러한 해결방법으로 데이터의 특징에서 다음과 같은 과학적인 해결을 할 수 있다.

② 과학적 해결

탐구는 며칠 동안 매일 같은 시각에 촬영한 태양 흑점 자료를 해석하는 활동이다. 먼저 며칠 동안의 흑점 자료를 한 원에 모아 흑점의 위치가 동에서 서로 이동하는 것을 알아낼 수 있었고, 흑점을 위도별로 그룹을 나누어 흑점의 위치 변화를 비교하여 위도에 따라 흑점의 이동속도가 다르다는 것을 알아냈다. 이로부터 태양의 자전주기가 위도에 따라 다른 이유를 설명하는 것은 다음의 추론으로 이루어진다.

① 흑점의 위치는 매일 서에서 동으로 이동한다.

② 태양은 서에서 동으로 자전한다.

③ 흑점의 이동속도는 저위도에 위치할수록 빠르다.

④ 태양은 저위도일수록 자전주기가 짧다.

④ 태양은 저위도일수록 자전주기가 짧다.

⑤ 태양이 기체로 되어 있다면 저위도일수록 자전주기가 짧다.

---

⑥ 태양이 저위도일수록 자전주기가 짧다면 이는 태양이 기체로 되어 있기 때문이다.

전제 ①과 ③으로부터 이루어진 추론에서 태양이 자전하고 있다는 것(②)과 위도에 따라 태양의 자전주기가 다르다(④)는 개념지식을 얻을 수 있다. 결론 ②와 ④는 각각 전제 ①과 ③이 개연적으로 뒷받침하고 있으므로 귀납추론에 의한 설명으로 얻어진 것이다. 결론 ⑥은 전제 ④를 근거로 추론된 것으로 이들 전제에 함축되어 있지 않으며, 가설 ⑤를 생성하여 얻어진 사실지식이므로 귀추추론에 의한 설명이다. 가설 ⑤를 생성할 때 유추할 수 있는 친숙한 사실은 지구의 자전이 될 수 있다. 지구와 같이 강체로 되어 있으면 자전주기가 위도에 따라 다를 수 없다. 이에 유추하면 자전주기가 위도에 따라 다르다는 것은 태양은 강체(고체)가 아닌 것이고, 강체가 아니라면 기체일 것이라고 가설을 생성한 것으로 볼 수 있다. 이 가설은 물질이 강체(고체) 또는 기체 상태로만 존재한다면 옳은 것이 될 수 있을 것이다. 그러나 실제로는 물질의 상태가 이 2종류로만 존재하는 것이 아니기 때문에 이 가설은 검증이 필요하다. 실제로 밝혀진 바로는 태양은 중심부에서 핵융합으로 생성된 에너지에 의해 가열되어 플라즈마 상태이며, 딱딱한 고체 상태가 아니다.

결과적으로 '태양의 자전주기는 어떠할까?'라는 질문은 귀납

추론에 의해 개념지식 '태양은 서에서 동으로 자전한다.'와 '태양은 저위도일수록 자전주기가 짧다.'를 얻고, 귀추추론에 의해 사실지식 '태양은 기체로 이루어져 있다.'를 얻으면서 해결된다.

4. 화성의 겉보기 운동

다음 탐구활동은 '화성의 겉보기 운동은 어떠할까?'라는 질문을 해결해야 하는 것으로, 며칠 동안 화성의 위치를 관측하여 해결하도록 구성되어 있다. 그리고 화성의 겉보기 운동을 설명하도록 되어 있다.

〈탐구활동자료 4〉 고등학교 지구과학 I (2013)

탐구) 화성의 겉보기 운동

준비물

화성의 겉보기 운동 자료, 성도, 연필, 곡선자

다음 표는 2009년 9월부터 2010년 8월까지 천구 상에서 화성의 위치를 나타낸 것이다.

날짜 월	일	적경 시	분	적위 도	분	날짜 월	일	적경 시	분	적위 도	분	날짜 월	일	적경 시	분	적위 도	분
2009 9	8	6	35	23	30	2010 1	1	9	29	18	45	5	1	9	2	19	1
	18	7	1	23	11		11	9	21	19	47		11	9	19	17	33
	28	7	26	22	39		21	9	8	21	3		21	9	37	15	54
10	8	7	49	21	57		31	8	52	22	16		31	9	56	14	5
	18	8	11	21	9	2	10	8	36	23	12	6	10	10	15	12	7
	28	8	31	20	18		20	8	23	23	43		20	10	35	10	0
11	7	8	40	19	28	3	2	8	15	23	49		30	10	56	7	46
	17	9	5	18	43		12	8	13	23	35	7	10	11	17	5	24
	27	9	18	18	9		22	8	16	23	4		20	11	38	2	57
12	7	9	27	17	51	4	1	8	23	22	21		30	12	0	0	26
	17	9	32	17	53		11	8	33	21	26	8	9	12	23	-2	7
	27	9	32	18	20		21	8	47	20	19		19	12	46	-4	42

과정

1. 228쪽에 제시한 성도를 2배로 확대 복사한다.

2. 위의 자료에 나타난 화성의 위치를 성도 위에 점으로 표시한 후 곡선자를 이용해 점들을 부드럽게 잇는다.

결과 및 정리

1. 천구 상에서 화성은 주로 어느 방향으로 움직이는가?

2. 화성이 천구 상에서 1과 반대방향으로 움직이는 기간은 언제인가?

3. 천구 상에서 화성의 진행 방향이 일정하지 않는 이유를 설명해 보자.

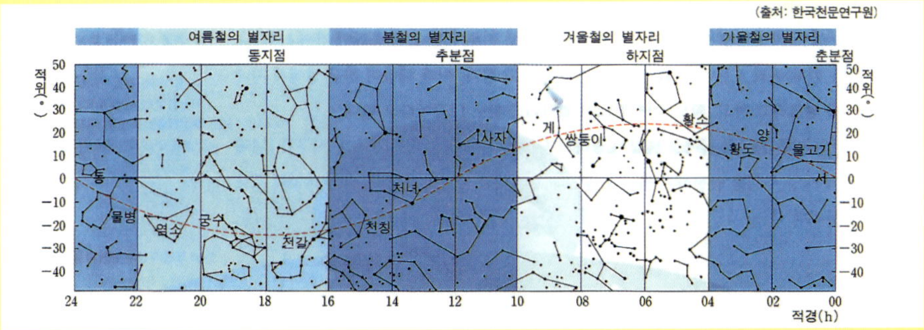

〈별자리를 표시한 성도〉

1) 질문 해결하기

① 해결방법

질문 '화성의 겉보기 운동은 어떠할까?'를 해결하기 위해 제시된 탐구 과정은 2단계이며, 과정 1에서는 주어진 화성의 위치 데이터를 표시하기 위해 성도를 준비하도록 한다. 과정 2는 화성의 진행 방향을 해석하기 위해 표에 수치로 제시된 화성의 위치 데이터를 성도에 표시하는 변형과정이다. 성도에서 가로축은 적경, 세로축은 적위이며, 가로축에서 왼쪽은 동쪽, 오른쪽은 서쪽을 나타낸다.

성도에 표시된 점들을 부드럽게 잇는 것도 데이터의 경향을 쉽게 알 수 있도록 하는 변형 과정이다. 이 변형에 의해 화성의 진행 경로를 쉽게 알 수 있다.

결과 및 정리 1에서는 화성이 서에서 동으로 이동하다가 일부기간 동안 동에서 서로 이동한 후 다시 서에서 동으로 이동하였으므로, 화성이 주로 움직이는 방향은 서에서 동이라고 정리할 수 있다.

결과 및 정리 2에서는 주로 이동하는 방향과 반대 방향으로 움직이는 기간을 묻는 것이므로, 성도에서 이에 해당하는 기간을 찾고 표에서 수치를 읽으면 2009년 12월 17일부터 2010년 3월 12일까지라고 정리할 수 있다.

결과 및 정리 3에서는 화성이 주 이동 방향과 반대 방향으로 움직이는 이유를 지구와 화성의 공전속도 차이라고 설명할 수 있다.

탐구 과정에는 과학과정기술로 관찰(화성의 위치 관찰-탐구에는 위치 데이터가 표로 제시됨)이 다루어지며, 이렇게 얻은 데이터를 분석하고 해석(화성의 위치를 성도에 나타내어 분석, 화성이 주로 이동하는 방향을 해석, 화성이 일정 기간 동안은 주 이동방향과 반대방향으로 이동함을 해석)하도록 되어 있다. 이때 관찰에 의한 데이터는 자료로 제시되어 있으므로 직접 수행해야 하는 과학적인 해결방법은 데이터 분석과 해석이다. 이러한 해결방법으로 알게 된 데이터의 특징에서 다음과 같은 과학적인 해결을 할 수 있다.

② 과학적 해결

탐구는 며칠 동안 매일 같은 시각에 관찰한 화성의 위치 데이터를 해석하는 활동이다. 먼저 며칠 동안의 화성의 위치를 성도에 모으고 이를 연결하여 화성의 주 이동 방향이 서에서 동이며 그 중 일부 기간 동안 주 이동 방향과 반대 방향인 동에서 서로 이동하는 것을 알아냈다. 이렇게 화성의 이동 방향이 일정하지 않은 이유를 설명하는 것은 다음의 추론으로 이루어진다.

① 2009년 9월 8일부터 2010년 8월 19일까지 화성이 주로 이동하는 방향은 서에서 동이다.
② 2009년 12월 17일부터 2010년 3월 12일 사이에는 화성이 주 이동 방향과 반대 방향인 동에서 서로 이동한다.

---

③ 화성은 서에서 동으로 이동하다가 어느 기간 동안은 반대 방향으로 이동한다.

③ 화성은 서에서 동으로 이동하다가 어느 기간 동안은 반대 방향으로 이동한다.
④ 화성이 지구보다 공전속도가 느리면 서에서 동으로 이동하는 동안에 반대 방향으로 이동하는 구간이 있다.

---

⑤ 화성은 서에서 동으로 이동하다가 어느 기간 동안 반대 방향으로 이동하는 것은 화성이 지구보다 공전속도가 느리기 때문이다.

전제 ①과 ②에서 화성이 역행운동을 한다(③)는 개념지식을 얻을 수 있다. 이때 결론 ③은 전제 ①과 ②가 개연적으로 뒷받침하므로 귀납추론에 의한 설명이다. ③~⑤의 추론에서는 가설 ④를 생성하여 화성의 역행운동(전제 ③)을 설명하고 있으며, 결론 ⑤가 전제 ③에 함축되어 있지 않다. 따라서 '지구와 화성의 공전속도차이(⑤)'는 가설(④)을 생성하여 얻어진 이론지식이므로 귀추추론에 의한 설명이다. 가설 ④를 생성할 때 유추할 수 있는 친숙한 사실로는 두 사람이 트랙의 안쪽과 바깥쪽에서 각각 달리고 있을 때, 안쪽에 있는 사람이 바깥쪽 사람보다 속도가 빠르다면 트랙의 어느 구간에서는 바깥쪽 사람이 계속 달리고 있어도 안쪽에서 달리는 사람이 볼 때 그 사람이 점점 뒤로 처지는 것처럼 보이는 것을 들 수 있다. 이때 안쪽에서 달리는 사람은 태양을 중심으로 공전하는 지구에, 바깥쪽에서 달리는 사람은 화성에 유추한 것이다. 이때 행성의 공전속도 차이(태양 중심설)라는 가설을 생성하지 않고 주전원(지구 중심설)을 도입해도 설명이 잘 된다. 따라서 귀추추론에 의한 설명은 검증이 필요하다. 실제로 연주시차 등의 관측으로 태양 중심설이 증명되었으므로 행성의 공전속도차이가 화성의 역행운동을 가장 잘 설명하는 것이 된다.

결과적으로 '화성의 겉보기 운동은 어떠할까?'라는 질문은 귀납추론에 의해 개념지식 '화성은 역행운동을 한다.'를 얻고, 귀추추론에 의해 이론지식 '화성의 역행운동은 화성의 공전속도가 지구보다 느리기 때문에 나타난 현상이다.'를 얻으면서 해결된다.

5. 아레시보 메시지 해석

다음 탐구활동의 주제는 '아레시보 메시지 해석'으로 '아레시보 메시지를 어떻게 해석해야 할까?'라는 질문을 해결해야 하는 것이다. 외계 지적 생명체 탐사(SETI), 외계 메시지 전달방법 등이 이론으로 제시되어 있으며, 탐구활동에는 메시지를 암호화하고 해석할 수 있도록 이진법과 십진법, 소수와 암호, 암호 해석을 위한 자료 읽기 등의 활동이 다루어져 있다. 그리고 암호화되어 있는 아레시보 메시지를 해석하는 활동으로 이어져 있다.

아레시보 메시지 해석

이론

가. SETI(Search for Extra-Terrestrial Intelligence)

SETI는 외계 생명체를 찾기 위한 활동으로, 외계 행성들로부터 오는 전자기파를 찾아내거나 외계로 전자기파를 보내 외계 생명체를 찾는 것을 목적으로 한다.

1) 파이오니어 금속판(Pioneer plaque)

1972년과 1973년에 발사된 우주 탐사선 파이어니어 10호와 11호에 장착된 금속판이다. 금속판에 새겨진 내용은 중성수소의 초미세 천이, 남녀의 모습, 탐사선의 외형, 은하계 중심과 14개의 펄서에 대한 태양의 상대 위치, 태양계이다.

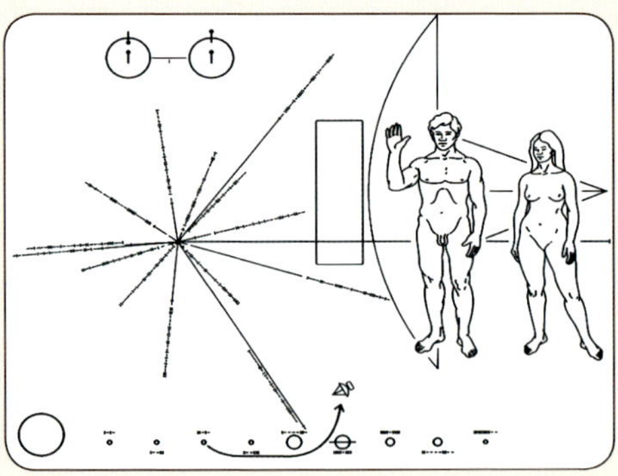

2) 보이저 금제 음반(Voyager Golden Record)

1977년에 발사된 보이저 탐사선에 실린 축음기 음반이다. 이 음반에는 지구 생명체와 문화의 다양성을 알리기 위해 115개의 그림과 파도, 바람, 천둥, 새 소리와 같은 자연적인 소리, 서로 다른 문화와 시대의 음악, 55개의 언어로 된 인사말 등이 기록되어 있다.

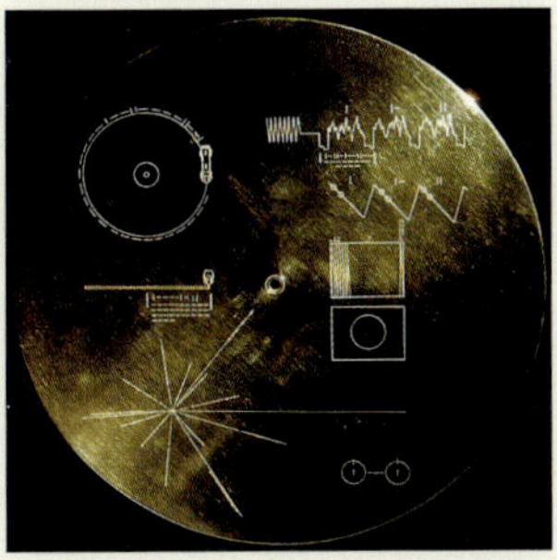

3) 아레시보 메시지(Arecibo message)

아레시보 메시지는 1974년 11월 16일 아레시보 전파 망원경에서 주파수 변조 전파 방식으로, 우주로 보낸 메시지이다. 이 전파가 향한 곳은 지구에서 25,000광년 떨어져 있는 허큘리스 대성단이다. 이 메시지는 2진수 1679자리로 이루어져 있으며, 약 210 바이트이다. 주파수를 10㎐씩 가감하는 방식으로 변조되어 있으며, 2380㎒ 대역으로 전송되었고 전송 전력은 1000㎾이다. 이 메시지를 담고 있는 0과 1은 초당 10bits의 주파수 변화를 통하여 전송되었다. 총 메시지의 길이는 약 3분 미만이다.

1679는 73과 23 두 소수의 곱으로 만들어진 수이다. 1679를 가로 23칸, 세로 73줄로 직사각형 배열하면 의미가 있는 모양이 되지만, 가로 73칸, 세로 23줄로 직사각형 배열하면 의미가 없는 모양이 된다. 메시지는 다음과 같이 암호화된 일곱 개 부분으로 이루어져 있다.

1. 수
2. 디옥시리보핵산(DNA)의 구성 원자 번호
3. DNA의 뉴클레오타이드를 이루는 당과 염기의 화학식
4. DNA의 뉴클레오타이드의 수와 DNA 이중나선 구조
5. 인간의 모습, 신장, 인구 수
6. 태양계의 모습
7. 메시지를 발송한 전파 접시가 있는 아레시보 천문대의 모습과 망원경 직경

나. 외계 메시지 전달방법

외계 문명과 메시지를 주고받을 때 가장 효과적인 방법은 전자기파를 이용하는 것이다. 전자기파의 종류에는 감마선, 자외선, 가시광선, 적외선, 전파 등이 있다. 외계로 전달하는 메시지는 성간 가스나 먼지 등에 의해 흡수되지 않고 지구와 같은 대기를 투과할 수 있어야 한다. 그리고 다른 강력한 전자기파에 가려지지 않아야 한다. 예를 들어, 전자기파 중에서 가시광선을 선택하면 태양의 강력한 가시광선에 가려지게 된다. 또 전자기파를 만드는 데 많은 비용이 들지 않아야 한다. 이와 같은 조건

을 만족시키는 전자기파는 전파이다.

즉, 전파는 성간 가스나 먼지에 의해 쉽게 흡수당하지 않고, 지구 대기뿐만 아니라 우리에게 잘 알려진 다른 행성의 대기도 쉽게 통과할 수 있다. 또 전파는 낮은 주파수 영역(가장 낮은 에너지)이므로 만드는 데 비용이 많이 들지 않는다.

탐구 활동

가. 탐구 목표

아레시보 메시지 해석을 통해 외계로 메시지를 전달하는 방법과 외계 생명체와의 교신방법을 탐구한다.

나. 과정 및 결과

1) 이진법과 십진법

이진법은 0과 1 두 종류의 숫자로 수를 나타내는 방식이고, 십진법은 0에서 9까지의 10종류 숫자로 수를 나타내는 방식이다. 십진법의 수를 이진법의 수로 바꾸는 방법은 다음과 같다.

(예) $111011_{(2)}=1\times2^5+1\times2^4+1\times2^3+0\times2^2+1\times2^1+1\times2^0=59$

2) 소수와 암호

영화 '콘택트'를 보면 외계인이 보낸 메시지를 판독하는 데 소수가 이용된다. 소수란 1과 그 자신만으로 나누어지는 자연수로 2, 3, 5, 7, 11, 13, 17 등을 말한다. 소수가 자연발생적으로 생길 수는 없다. 그래서 우주 저편에서 온 신호가 소수를 포함하고 있다면 그것은 지성이 있는 어떤 외계 생명체가 보냈다고 해석할 수 있다. 오늘날 암호학의 근간이 되는 수학이론이 소수 중에서도 거대 소수를 이용하므로, 가장 큰 소수를 찾기 위한 노력을 계속하고 있다.

(예) 7×13(소수) 행렬을 사용하여 메시지를 암호화하는 방법

0110001100011100101001010010000100001001011001100011100100001010010010100101000110001100011

3) 암호 해석을 위한 자료

(가) 디옥시리보핵산(DNA)은 아데닌(A), 구아닌(G), 티민(T), 시토신(C)이라는 4종류의 염기로 되어 있으며, 이 염기들의 순서와 배열에 의해 생물의 유전자가 결정된다.

디옥시리보오스: C_5OH_7　　인산: PO_4

아데닌(A): $C_5H_4N_5$　　티민(T): $C_5H_5N_2O_2$

구아닌(G): $C_5H_4N_5O$　　시토신(C): $C_4H_4N_3O$

(나) 아레시보 망원경의 구경은 약 306m이다.

4) 아레시보 메시지 코드화

아래의 숫자는 아레시보 전파 망원경으로 외계로 보낸 12.6cm 파장의 메시지를 코드화 한 것이다. 아레시보 메시지는 2진수 1679자리로 이루어져 있다.

0000001010101000000000000101000001010000000100100010001000100
1011001010101010101010100100100000000000000000000000000000000
0000001100000000000000000011010000000000000000000110100000000
0000000000101010000000000000000000111110000000000000000000000
0000000000011000011100011000011000100000000000000000110010000
1101000110001100001101011111011111011111011111000000000000000
0000000000001000000000000000000010000000000000000000000000000
0100000000000000000111111000000000000000111110000000000000000
0000001100001100001110001100010000000100000000010000110100000
1100011100110101111101111101111101111100000000000000000000000
0000100000011000000000100000000000011000000000000000100000011
0000000001111110000011000000111110000000000110000000000000001
0000000010000000010000010000001100000001000000001100001100000
0010000000000110001000011000000000000000110011000000000000000
1100010000110000000001100001100000010000000100000010000000001
0000010000000110000000010001000000000110000000001000100000000
0100000001000001000000010000000100000001000000000000001100000
0000110000000011000000000100011101011000000000000100000001000
0000000000100000111110000000000000100001011101001011011000000
0100111001001111111011100001110000011011100000000010100000011
1011001000000101000001111110010000001010000011000000100000011
0110000000000000000000000000000000000111000001000000000000000
0011101010001010101010100111000000000101010100000000000000000

1010000000000000001111100000000000000000111111111000000000000001
1100000001110000000001100000000000011000000011010000000001011
0000011001100000000110011000010001010000001010001010000000000000
11110011111101001111000

5) 아레시보 메시지 해석

1679는 73과 23 두 소수의 곱으로 만들어진 수이다. 1679를 가로 23칸, 세로 73줄로 직사각형 배열하면 의미가 있는 모양이 되지만, 가로 73칸, 세로 23줄로 직사각형 배열하면 의미가 없는 모양이 된다. 2진수 1679자리로 이루어진 아레시보 메시지를 23×73으로 배열하여 메시지를 해석한다.

1) 질문 해결하기

① 해결방법

질문 '아레시보 메시지를 어떻게 해석해야 할까?'를 해결하기 위해 제시된 탐구 과정은 메시지를 암호화하는 1단계 과정과 암호로 제시된 아레시보 메시지를 해독하는 2단계 과정으로 이루어져 있다.

1단계에서는 이진법과 십진법, 소수와 암호에 대한 정보를 토대로 메시지를 암호화하는 방법을 알게 하려고 암호를 제공하고 어떤 메시지인지 행렬로 나타내 보게 하는 활동이 이루어지고 있

다. 2단계에서는 먼저 아레시보 메시지 해독을 위해 필요한 생물 유전자와 아레시보 망원경의 특징이 정보로 제공되어 있다. 그리고 이 정보를 토대로 암호화된 아레시보 메시지의 행렬을 알아내고 이를 해석하는 활동이 이루어지고 있다.

1단계에서는 암호와 행렬이 제공되어 있으므로, 암호의 0은 행렬의 칸을 비워두고 암호의 1은 행렬의 칸에 색을 칠하여 표시하는 활동이다. 활동 결과는 [그림 53]과 같으며, 활동으로부터 주어진 암호가 GSE 메시지라는 것을 알아낼 수 있다.

(예) 7×13(소수) 행렬을 사용하여 메시지를 암호화하는 방법

000000101010100000000000000101000001010000000010010001000100010
01011001010101010101010100100100000000000000000

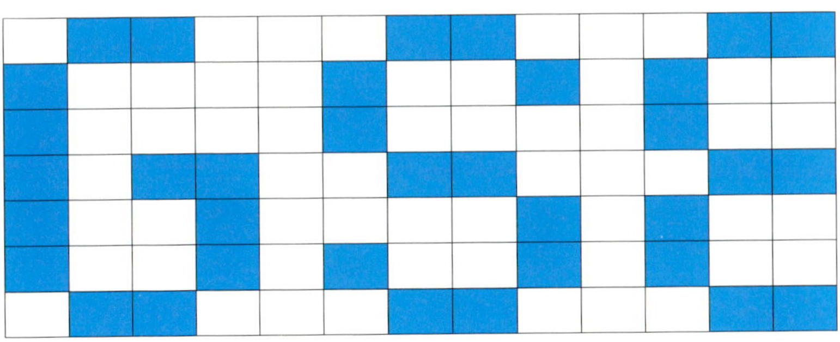

[그림 53] 암호화된 메시지 해독

2단계에서는 주어진 암호를 행과 열에 따라 정리를 해야 하는데, 이를 위해서는 먼저 암호의 개수인 숫자 1679가 소수 73×

23로 이루어졌음을 찾아내야 한다. 암호를 행렬로 구성한 후 이를 의미 구간에 따라 해석해야 한다. 행렬로 구성된 암호는 아래와 같으며, 파란색 숫자 1은 각 수가 시작되는 위치를 나타내고 그 위에 있는 숫자는 이진수를 나타낸다. 수를 찾는 방법은 파란색 숫자 1 위에 있는 이진수를 십진수로 전환하는 것이며, 이러한 방법으로 구한 십진수에서 의미를 찾으면 위에서부터 차례대로 1~10까지 자연수, DNA의 구성원자인 수소, 탄소, 질소, 산소, 인을 나타내는 원자번호, DNA의 뉴클레오타이드를 이루는 당과 염기의 화학식, DNA의 뉴클레오타이드의 수와 DNA의 구조, 인간의 형태와 평균남자의 신장과 인구 수, 태양계에서 지구의 위치, 아레시보 천문대의 전파 접시의 모습과 구경을 해석해낼 수 있다.

00000010101010000000000
00101000001010000000100
10001000100010010110010
10101010101010100100100
00000000000000000000000
00000000000011000000000
00000000001101000000000
00000000001101000000000
00000000010101000000000
00000000011111000000000
00000000000000000000000

1	2	3	4	5	6	7	8	9	10	
00	00	00	10	10	10	10	000	000	000	
00	10	10	00	00	10	10	000	000	100	
10	00	10	00	10	00	10	010	110	010	<A>

1	6	7	8	15 → H, C, N, O, P	
0	0	0	1	1	
0	1	1	0	1	
0	1	1	0	1	
1	0	1	0	1	<B>

11000001110001100001100 0
10000000000000110010000
11010001100011000011010
11111011111011111011111
00000000000000000000000
00010000000000000000010
00000000000000000000000
00001000000000000000001
11111000000000000011111
00000000000000000000000
11000011000011100011000
10000000100000000010000
11010000110001110011010
11111011111011111011111
00000000000000000000000
00010000001100000000010
00000000001100000000000
00001000001100000000001
11111000001100000011111
00000000001100000000000
00100000000100000000100
00010000001100000001000
00001100001100000010000
00000011000100001100000
00000000001100110000000
00000011000100001100000
00001100001100000010000
00010000001000000001000
00100000001100000000100
01000000001100000000100
01000000000100000001000
00100000001000000010000
00010000000000001100000
00001100000000110000000

75010	45500	55220	75010
11000 0	11100 0	11000 0	11000
10000 0	00000 0	00110 0	10000
11010 0	01100 0	11000 0	11010

<C>

00041		00041
00010	0000000000000	00010
00000	0000000000000	00000
00001	0000000000000	00001

<D>

75010	44310	45510	75010
11000 0	11000 0	11100 0	11000
10000 0	00100 0	00000 0	10000
11010 0	00110 0	01110 0	11010

<E>

00041	4,294,441,823	00041
00010	0000011000000	00010
00000	0000011000000	00000
00001	0000011000000	00001
	0000011000000	

<F>

00000000001100000000000
00100000000100000000100
00010000001100000001000
00001100001100000010000
00000011000010000110000 0
00000000001100110000000
00000011000100001100000
00001100001100000010000
00010000001000000001000
00100000001100000000100
01000000001100000000100
01000000000100000001000
00100000001000000010000
00010000000000001100000
00001100000000110000000

<G>

00100011101011000000000
00100000001000000000000
00100000111110000000000
00100001011101001011011
00000010011100100111111
10111000011100000110111
00000000010100000111011
00100000010100000111111
00100000010100000110000
00100000110110000000000
00000000000000000000000

00100011101011000000000
00100000001000000000000
00100000111110000000000
00100001011101001011011
00000010011100100111111
14 10111000011100000110111
00000000010100000111011
00100000010100000111111
00100000010100000110000 4,292,853,750
00100000110110000000000 <H>

00111000001000000000000
00111010100010101010101
00111000000000101010100
00000000000000101000000

↓(지구)
00111000001000000000000
00111010100010101010101
00111000000000101010100
00000000000000101000000 <I>

00000000111110000000000
00000011111111100000000
00001110000000111000000
00011000000000001100000
00110100000000010110000
01100110000000110011000
01000101000001010001000
01000100100010010001000
00000100010100010000000
00000100001000010000000
00000100000000010000000
00000001001010000000000
01111001111101001111000

00000000111110000000000
00000011111111100000000
00001110000000111000000
00011000000000001100000
00110100000000010110000
01100110000000110011000
01000101000001010001000
01000100100010010001000
00000100010100010000000
00000100001000010000000
00000100000000010000000
00000001001010000000000 2,430
01111001111101001111000 <J>

〈A〉에서는 파란색 숫자 1이 있는 위치마다 이진수를 십진수로 전환하면 차례대로 십진수 1~10까지 구할 수 있다. 같은 방법으로 이진수를 십진수로 전환하면 〈B〉에서는 각 열이 차례대로 1, 6, 7, 8, 15가 되는데, 이는 DNA의 구성 원소인 수소, 탄소, 질소, 산소, 인을 나타낸다. 〈C〉는 DNA를 구성하는 기본 단위체인 뉴클레오타이드를 이루는 당과 염기의 화학식을 나타낸다. 즉, DNA는 디옥시리보스라는 5탄당을 기본당으로 하는 핵산으로, 뉴클레오타이드는 인, 당, 염기의 3가지로 이루어져 있다. 〈C〉에서 75010은 〈B〉에서 찾아낸 원소들의 순서에 따라 수소가 7개, 탄소가 5개, 산소가 1개 있음을 의미하며, 이는 뉴클레오타이드에 포함되어 있는 디옥시리보스를 나타낸다. 45500, 55220은 디옥시리보스와 결합한 염기를 의미하며 각각 아데닌과 티민을 나타낸다. 〈D〉의 00041은 인산이며 〈E〉의 75010은 디옥시리보스, 44310은 시토신, 45510은 구아닌을 나타낸다. 이와 같은 암호배치는 DNA가 인산-당-염기로 구성된 뉴클레오타이드를 기본으로 이루어져 있음을 나타내려는 것이다. 〈F〉에서 4,294,441,823은 〈G〉에서 〈F〉까지 이어져 있는 검정색 숫자를 십진수로 전환하여 구한 값으로 뉴클레오타이드의 개수를 나타내며, 〈G〉에서 빨강색 숫자 1이 만드는 모습은 DNA의 위 염기쌍들이 이중결합한 이중나선구조를 나타낸다. 〈H〉에서 초록색 숫자 1이 만드는 모습은 인간의 형체를 나타낸다. 왼쪽의 파란색 숫자 1의 위치에서 시작하는 숫자는 14이며, 세로로 이어진 초록색 숫자 1은 14가 성인 남성의 신장임을 가르키는 표식이다. 실제값은 14에 아레시보 메시지의 파장 126mm를 곱하여 1764mm를 얻을 수 있으며, 이 값이 성인 남성의 평균신장을 나타낸다. 오른쪽의 파란색 숫자 1의 위치에서 시작하는 숫자는 십진수 4,292,853,750으로 메시지를 보낸 당시 인구 수를 나타낸다. 〈I〉는 태양계의 모습으로 태양에서 차례대로 수성, 금성, 지구, 화성, 목성, 토성, 천왕성, 해왕성, 명왕성이 그려져 있고, 지구는 메시지가 전송된 행성을 표시하는 의미로 다른 행성들보다 윗행에 표시되어 있다. 그리고 〈H〉에 표시된 사람이 지구를 나타내는 숫자의 바로 위에 위치하고 있음을 알 수 있다. 〈J〉에서 빨강색 숫자 1이 만드는 모습은 아레시보 전파망원경을 나타낸다. 그 아래쪽에 가로로 이어진 초록색 숫자 1은 망원경의 직경을 가르키는 표식이다. 파랑색 숫자 1의 위치에서 시작하는 숫자는 2430으로 이 값에 메시지의 파장 126mm를 곱하면 망원경의 직경이 약 306.18m임을 얻을 수 있다.

탐구 과정에는 과학과정기술로 추리(아레시보 암호 1679개가 73×23의 행렬임을 추리, 암호 중에서 의미 해석 구간을 추리)가 사용되고, 데이터 분석(암호를 행렬에 따라 정리하고 의미구간 내에서 이진수를 십진수로 변환)과 데이터 해석(태양계 행성 중에서 지구의 위치 해석, 유전자 종류 등의 정보를 활용하여 십진수의 값에서 의미 해석)을 하도록 되어 있다. 이러한 해결방법으로 알게 된 데이터 특징에서 다음과 같은 과학적인 해결을 할 수 있다.

② 과학적 해결

1단계의 활동은 암호와 행렬이 주어져 있으므로 암호를 행렬에 표시하는 방법대로 하면 GSE라는 결과를 얻어낼 수 있다. 즉, 1단계 활동으로부터는 제시된 암호가 GSE라는 사실지식을 얻는 것으로, 다음의 추론과정을 거친다.

① 메시지는 91개의 자리 수로 암호화되어 있다.
② 91은 7×13의 행렬로 이루어져 있다.
③ 행렬에서 0에 해당하는 셀은 비우고 1에 해당하는 셀은 색을 칠한다.

④ 7×13의 행렬로 이루어진 암호는 GSE라는 메시지를 암호화한 것이다.

주어진 암호와 행렬 규칙, 해결방법(전제 ①~③)에서는 GSE(결론 ④) 이외에는 얻어질 수 없으므로 연역추론에 의해 얻은 지식으로 볼 수 있다.

2단계의 활동은 2진수로 이루어진 암호를 해독하는 것으로,

① 아레시보 메시지는 1679개의 수로 암호화되어 있다.

② 1679는 73×23의 행렬로 만들어진 수이다.

② 1679는 73×23의 행렬로 만들어진 수이다.
③ 각 숫자가 시작하는 곳을 찾아 0과 1로 제시된 이진수를 십진수로 전환한다.
④ 길이 단위를 사용하는 물리량의 경우 아레시보 메시지의 파장 126mm를 곱한다.
⑤ 〈A〉에서는 1~10까지 얻을 수 있고, 이는 지구에서 십진수를 사용함을 나타낸다.

⑥ 〈B〉에서는 1, 6, 7, 8, 15를 얻을 수 있고, 이는 원자번호이며 각각 수소, 탄소, 산소, 질소, 인을 나타낸다.

⑦ 〈C〉에서는 수소 7개, 탄소 5개, 산소 1개로 이루어진 분자가, 수소 4개, 탄소 5개, 질소 5개로 이루어진 분자, 수소 5개, 탄소 5개, 질소 2개, 산소 2개로 이루어진 분자가 결합하고 있는 것으로 각각 뉴클레오타이드를 이루는 당, 아데닌, 티민을 나타낸다.

⑧ 〈D〉에서는 산소 4개, 인 1개로 이루어진 분자로 인산을 나타낸다.

⑨ 〈E〉에서는 수소 7개, 탄소 5개, 산소 1개로 이루어진 분자, 수소 4개, 탄소 4개, 질소 3개, 산소 1개로 이루어진 분자, 수소 4개, 탄소 5개, 질소 5개, 산소 1개로 이루어진 분자가 결합하고 있는 것으로 각각 뉴클레오타이드를 이루는 당, 시토신, 구아닌을 나타낸다.

⑩ 〈F〉에서는 4, 294, 441, 823을 얻을 수 있고, 이는 뉴클레오타이드의 개수이다.

⑪ 〈G〉는 뉴클레오타이드로 이루어진 DNA 이중나선 구조의 모양을 나타낸다.

⑫ 〈H〉에서는 인간의 형태가 가운데 있고, 왼쪽에는 14, 오른쪽에는 4, 292, 853, 750을 얻을 수 있다.

⑬ 〈H〉에서 왼쪽에 있는 수 14는 아레시보 메시지의 파장 126mm를 곱하면 1764mm가 되어 성인 남성의 평균 신장을 나타내며, 오른쪽에 있는 수는 당시의 인구수를 나타낸다.

⑭ 〈I〉는 태양계의 모습이며, 행성 표시 중 위로 떠 있는 한 점은 지구를 나타낸다. 또 〈H〉에서의 사람은 지구 바로 위에 위치해 있다.

⑮ 〈J〉에서는 아레시보 전파망원경의 모습이 있고 2430을 얻을 수 있다.

⑯ 〈J〉에서 구한 수에 메시지의 파장 126mm를 곱하면 약 306.18m가 된다.

---

⑰ 지구에서 사용하는 수는 십진수이며, DNA의 구성원자는 수소, 탄소, 질소, 산소, 인이고, DNA의 뉴클레오타이드는 디옥시리보스-아데닌-티민-디옥시리보스, 인산, 디옥시리보스-시토신-구아닌-디옥시리보스, 인산으로 결합되어 있고, 뉴클레오타이드의 수는 약 43억 개 이며, DNA는 이중 나선의 구조이고, 인간의 형태, 평균 남성 크기는 약 1764mm이고, 메시지를 보냈을 때의 인구 수는 약 43억 명이며, 태양계는 태양과 9개의 행성으로 이루어져 있고 지구는 태양에서 3번째에 위치하며, 메시지를 보낸 아레시보천문대의 전파망원경의 모습, 전파망원경의 구경은 306.18m이다.

전제 ①에서 ②를 얻는 과정은 메시지를 암호화할 때 소수를 이용한다는 사실에서 추론하는 것으로 ①에 ②가 함축되어 있다. 즉, 이 단계는 연역에 의한 추론으로 해결된다. 전제 ③과 ④는 암호를 해독하기 위한 지침으로 제공된 것이다. 전제 ⑤에서 ⑯까지 ③의 지침에 따라 암호를 해독하면서 구한 것이며, 특히, ⑬과 ⑯은 각각 길이단위를 사용하는 사람의 신장과 망원경의 구경이므로 지침 ④가 사용되었다.

결론 ⑰에 정리되어 있는 지구에서 사용하는 수, DNA 구성 원자, 뉴클레오타이드의 구성과 개수, DNA 구조, 인간의 형태, 신장, 인구 수, 태양계모습, 아레시보 천문대 전파망원경의 모습과 직경은 전제 ①~⑯에 함축되어 있다. 결과적으로 '아레시보 메시지를 어떻게 해석해야 할까?'라는 질문은 연역추론에 의해 사실지식을 얻으면서 해결된다.

6. 여러 가지 파장으로 살펴본 태양의 대기

다음 탐구활동의 주제는 '여러 가지 파장으로 살펴본 태양의 대기'로 '태양의 대기를 여러 파장대로 관측해야 하는 이유는?'이라는 질문을 해결해야 하는 것이다.

〈탐구활동자료 6〉 고등학교 지구과학 I (2013)

2010년 2월 발사된 태양 관측 위성 SDO(Solar Dynamics Observatory)의 사이트에서 태양 관측 자료들을 찾아보고, 최근 연구들이 어떻게 이루어지는지 살펴보자.

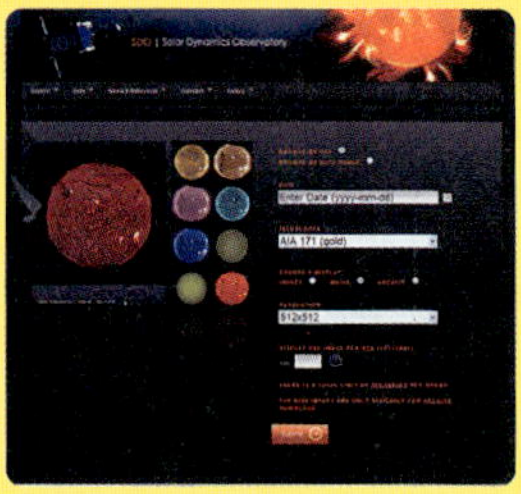

과정

1. 태양 관측 위성 SDO의 사이트(sdo.gsfc.nasa.gov)에 접속하여 Data-AIA/HMI Browes Data로 들어간다.

2. Data에 시작일과 종료일을 입력하고, 이미지나 동영상 중 보고 싶은 것을 고른다.

3. Telescopes에서 사람이 맨눈으로 관측할 때와 가장 비슷한 파장대(가시광선)인 AIA 4500을 선택하고, Submit를 눌러서 제공되는 태양 대기의 모습을 관찰한다.

4. Telescopes에서 다른 파장대(자외선대)를 차례로 선택하여 태양 대기의 모습을 관찰한 후, 과정 3의 사진 또는 동영상과 비교해 본다.

5. 다른 날짜들을 입력해 가며 과정 3~4를 반복하고, 태양 대기에서의 활동이 어떻게 변해가는지 관찰한다.

결과 및 정리

1. 가시광선대의 사진이나 동영상에서 보이지 않던 모습이 다른 파장대에서 나타나는 경우가 있는가? 그렇다면 그 이유는 무엇인가?

2. 흑점이나 태양의 활동을 가장 잘 관찰할 수 있는 것은 각각 어느 파장대의 자료인가?

3. 태양 대기 관찰에 이와 같이 여러 파장대의 자료를 이용하는 까닭을 설명해보자.

1) 질문 해결하기

① 해결방법

질문 '태양의 대기를 여러 파장대로 관측해야 하는 이유는?'을 해결하기 위해 제시된 탐구 과정은 5단계이며, 이 중에서 1~2단계는 태양 관측 자료를 볼 수 있는 방법이다. 3단계에서는 태양 대기를 육안으로 관측하게 되는데, 학생들은 직접 육안으로 태양의 대기를 관측하는 대신 가시광선으로 관측된 태양의 동영상을 통해 태양의 대기를 관찰한다. 4단계에서는 다른 파장 영역에서 관측한 동영상을 선택하여 태양의 대기를 관찰하게 되어 있다. 마지막 5단계에서는 다른 날짜의 태양의 대기에 대해 3~4단계의 관찰을 반복하도록 되어 있다. 이때 태양 대기의 활동이 어떻게 변해가는지 관찰하도록 하는데, 이는 학생들에게 날짜에 따른 대기의 변화에 초점을 두고 관찰하도록 요구하는 것이다.

결과 및 정리 1에서는 3~4단계에서 관찰한 사실을 정리하고 그 이유를 말하도록 되어 있다. 이때 이유는 온도와 에너지 관계에 대한 지식을 활용해야 설명할 수 있다. 결과 및 정리 2에서는 5단계에서 관찰한 사실을 정리하여 경향을 해석하도록 되어 있다. 즉, 변화가 잘 나타나는 파장 영역을 찾고 이를 태양의 활동과 관련지어 해석하는 것이다. 이와 같이, 1~5단계의 과정으로부터 수집된 데이터는 결과 및 정리 1~2에서 정리되고 그에 따라 나타난 경향을 토대로 해석이 이루어진다. 즉, 이를 근거로 결과 및 정리 3에서 요구하는 '태양 대기 관찰을 여러 파장대의 자료를 이용하는 까닭'을 설명할 수 있다.

탐구 과정은 과학과정기술로 관찰(파장대에 따른 태양 대기를 직접 관찰하는 것 대신 동영상 자료 관찰)을 사용하고, 이로부터 얻은 데이터를 분석하고 해석(파장대별 태양 대기 모습을 표로 정리하고 비교하여 파장 영역에 따라 잘 관찰되는 태양 대기 모습을 해석. 파장대별 날짜에 따른 태양 대기 모습을 파장 영역과 날짜에 따라 표로 정리한 후 태양 대기 모습의 변화를 해석)하도록 되어 있다. 이때 관찰에 의한 데이터는 자료(동영상)로 제시되어 있고 직접 수행해야 하는 과학적인 해결방법은 데이터 분석과 해석이다. 이러한 해결방법을 사용하여 알게 된 데이터의 특징에서 다음과 같은 과학적인 해결을 할 수 있다.

② 과학적 해결

탐구는 파장 영역별로 태양의 대기를 관찰하고, 파장 영역별 날짜에 따른 태양의 대기 변화를 관찰하여 얻은 데이터를 해석하는 활동이다. 먼저 파장 영역별 태양의 대기 관찰로부터는 파장 영역에 따라 잘 관찰되는 태양의 대기 모습이 다르다는 것을 알아냈다. 즉, 광구와 흑점은 가시광선 파장 영역에서 잘 관찰되고, 코로나나 플레어, 그리고 홍염 등은 자외선이나 X선 파장 영역에서 잘 관찰되는 것을 알았다. 이러한 관찰 결과에 대한 이유를 설명하려면 온도가 높을수록 짧은 파장 영역의 에너지를 많이 방출하고, 온도가 낮을수록 긴 파장 영역의 에너지를 많이 방출한다는 개념지식을 알아야 한다. 또 태양의 대기를 관측한 X선과 자외선은 파장이 짧고, 가시광선은 이들보다 파장이 길다는 사실지식도 알아야 한다. 관찰내용, 개념지식, 사실지식을 토대로 태양의 대기를 여러 파장 영역으로 관측해야 하는 이유를 설명하는 것은 다음의 추론에 의해 이루어진다.

① 가시광선 파장 영역에서는 광구와 흑점이 잘 관찰된다.
② X선이나 자외선 파장 영역에서는 코로나나 플레어, 그리고 홍염 등이 잘 관찰된다.
③ 빛은 X선, 자외선, 가시광선순으로 파장이 길다.
④ 물체의 온도가 높을수록 짧은 파장의 에너지를 방출한다.

---

⑤ 태양 대기의 코로나, 플레어, 홍염은 광구, 흑점보다 온도가 높아서 많이 방출되는 에너지가 서로 다르다.

⑤ 태양의 대기의 코로나, 플레어, 홍염은 광구, 흑점보다 온도가 높아서 많이 방출되는 에너지가 서로 다르다.
⑥ 태양 대기의 각 부분에서 많이 방출하는 에너지 영역으로 각각 관찰해야 태양 대기의 특징을 잘 볼 수 있다.

---

⑦ 태양 대기의 코로나, 플레어, 홍염, 광구, 흑점은 온도가 같지 않아서 많이 방출하는 에너지 영역이 다르기 때문에 여러 파장 영역으로 관찰해야 한다.

전제 ①과 ②는 탐구 과정에서 알아낸 것으로, 결과 및 정리 2를 바로 해결하는 내용이다. 전제 ③과 ④는 결과 및 정리 1의 이유를 설명하려면 알고 있어야 하는 내용이다. 결론 ⑤는 전제 ①~④를 근거로 추론된 사실지식으로 코로나, 플레어, 홍염은 온도가 높아 파장이 짧은 X선이나 자외선 영역의 에너지를 많이 방출하고 광구와 흑점은 이들보다 온도가 낮아 파장이 좀 더 긴 가시광선 영역의 에너지를 많이 방출한다는 것이다. 이는 전제에 함축

되어 있으므로 연역추론에 의한 설명이다. 이어지는 추론에서 ⑤는 ⑥과 함께 전제가 되어 결론 ⑦을 뒷받침한다. 결론 ⑦은 에너지 영역이 다르면 그에 맞는 파장 영역으로 관찰해야 한다는 개념지식이며, 이는 전제 ⑤와 ⑥에 함축되어 있으므로 연역추론에 의한 설명이다.

결과적으로 '태양의 대기를 여러 파장대로 관측해야 하는 이유는?'이라는 질문은 연역추론에 의해 '태양 대기의 구성 요소들은 온도가 같지 않아 많이 방출되는 에너지가 각각 다르다'는 사실지식을 얻고, 이를 전제로 한 연역추론에 의해 '태양 대기의 구성 요소들의 온도가 같지 않아서 많이 방출하는 에너지 영역이 다르기 때문에 여러 파장대로 관찰해야 한다.'는 개념지식을 얻으면서 해결된다.

7. 모형으로 관찰하는 일식과 월식

다음 탐구활동의 주제는 '모형으로 관찰하는 일식과 월식'으로 '일식과 월식은 어떻게 일어날까?'라는 질문을 해결해야 하는 것이다.

〈탐구활동자료 7〉 고등학교 지구과학 I (2013)

탐구) 모형으로 관찰하는 일식과 월식

준비물

전등, 줄자, 스타이로폼 공(지름 10 ㎝, 30 ㎝)

과정

① 2명으로 이루어진 모둠을 만들어 각자에게 스타이로폼 공을 하나씩 들게 한다.

② 어두운 실험실 한가운데에 전등을 켜고, 전등에서 3m쯤 떨어진 곳에 큰 공을 든 사람이 선다.

③ 작은 공을 든 사람이 큰 공을 든 사람의 주위를 1m쯤 떨어진 상태에서 돌게 한다.

④ 큰 공을 가진 사람은 자기 주위를 돌고 있는 작은 공의 모습이 어떻게 변하는지 살펴본다.

⑤ 두 사람이 가진 공의 높이가 전등과 정확하게 일직선이 되게 한 후 과정 3을 반복해 본다.

결과 및 정리

① 과정 4에서 작은 공의 모습은 위치에 따라 어떻게 달라지는가?

• 친구가 어느 위치에 있을 때 작은 공의 밝은 부분이 가장 동그랗게 보이는가?

• 작은 공의 밝은 부분이 보이지 않을 때는 친구가 어떤 위치

에 있을 때인가?

② 과정 5에서 큰 공의 그림자 속에 작은 공이 완전히 들어가는 경우는 언제인가?

• 큰 공의 그림자 속에 작은 공이 완전히 들어가게 하려면 두 공과 전등의 위치를 어떻게 해야 하는가?

• 큰 공의 그림자 속에 작은 공이 일부만 들어가게 하려면 두 공과 전등의 위치를 어떻게 해야 하는가?

• 큰 공의 그림자 속에 작은 공이 들어가는 경우를 월식과 관련하여 설명해보자.

③ 과정 5 작은 공의 그림자에 큰공의 일부가 가려지는 경우는 언제인가?

• 작은 공의 그림자에 큰 공이 전부 가려지는 경우가 생기는가? 생기지 않는다면 그 이유는 무엇인가?

• 작은 공의 그림자에 큰 공의 일부가 가려지는 경우를 일식과 관련하여 설명해 보자.

유의사항

지구와 달의 모형인 두 공은 지구와 달의 실제 크기와 비례 관계에 있지 않다. 또한 전등과 공들 사이의 거리도 실제 태양 - 지구, 지구 - 달의 거리와 비례관계에 있지 않음을 감안해 이 탐구 활동을 진행해야 한다.

1) 질문 해결하기

① 해결방법

질문 '일식과 월식은 어떻게 일어날까?'를 해결하기 위해 제시된 탐구 과정은 5단계이며, 이 중에서 1단계는 큰 스타이로폼 공을 지구 모형, 작은 스타이로폼 공을 달 모형으로 정하는 활동이다. 2단계에서는 태양 모형으로 전등을 사용하고 지구 모형의 위치를 정하는 활동이다. 3단계는 달이 지구 주위를 공전하는 것과 같이 달 모형(작은 공)을 지구 모형(큰 공)의 주위를 돌게 하는 활동이다. 4단계에서는 달 모형이 지구 모형 주위를 도는 동안 달 모형의 모습이 어떻게 변하는지 관찰하는 것이며, 5단계는 전등과 지구 모형, 달 모형의 높이가 일직선상에 있도록 한 후 3단계의 활동을 반복하고 4단계에서처럼 달 모형의 모습이 어떻게 변하는지 관찰하는 것이다.

결과 및 정리 1에서는 탐구 과정의 4단계에서 관찰한 사실을 정리하게 되어 있다. 먼저 달 모형의 모습이 동그란 모양이 될 때 전등, 지구 모형, 달 모형의 위치 관계를 정리하도록 되어 있는데, 이는 보름달이 보일 때 태양, 지구, 달의 위치 관계를 알기 위한 것이다. 그리고 달 모형의 모습이 보이지 않을 때 이들의 위치 관계를 정리하도록 되어 있다. 이는 삭일 때 태양, 지구, 달의 위치 관계를 알기 위한 것이다.

결과 및 정리 2에서는 탐구 과정의 5단계에서 달 모형이 지구 모형의 그림자에 완전히 들어갔을 때 전등, 지구 모형, 달 모형의

위치 관계를 확인하도록 하고 있다. 이때 달 모형이 지구 모형 그림자에 완전히 들어갔을 때와 일부만 들어갔을 때 전등, 지구 모형, 달 모형의 위치 관계에서 나타나는 차이를 구별하여 정리하도록 되어 있다. 그리고 이를 월식과 관련지어 설명하도록 되어 있다. 이는 실제에서 개기월식과 부분월식에 대한 개념을 알고 있어야 달 모형이 지구 그림자에 완전히 들어갔을 때를 개기월식, 일부가 들어갔을 때를 부분월식과 관련지어 설명할 수 있다.

결과 및 정리 3에서는 달 모형의 그림자가 지구 모형의 일부 지역을 가릴 때의 전등, 지구 모형, 달 모형의 위치 관계를 확인하도록 하고 있다. 먼저, 달 모형의 그림자가 지구 모형의 전체를 모두 가리는 경우가 있는지 확인하고 그 결과에 대한 이유를 설명하도록 하고 있다. 이때는 달이 만드는 본그림자와 반그림자에 대한 개념이 있어야 하며, 이로부터 일식이 지구 전체에서 볼 수 있는 현상이 아니라는 사실과 관련지어야 한다. 다음은 달 모형의 그림자에 지구 모형의 일부가 가려지는 경우를 일식과 관련해서 설명하도록 하고 있다. 이때는 지구에서 달의 본그림자에 위치한 지역에서는 개기일식이, 반그림자에 위치한 지역에서는 부분일식이 일어남을 알고 있어야 지구 모형의 일부에 달 모형의 그림자가 생기는 경우를 일식과 관련지어 설명할 수 있다.

탐구 과정에는 과학과정기술로 관찰(전등-지구 모형-달 모형 순일 때 지구 모형의 그림자를 지나는 달 모형의 모습 변화를 관찰, 전등-달 모형-지구 모형순일 때 지구 모형에 달 모형의 그림자가 생기는 부분을 관찰)이 사용되고, 데이터 분석과 해석(달 모형이 지구 모형의 그림자 때문에 가려지는 모습을 분석하여 지구 모형의 본그림자에서만 달 모형의 왼쪽부터 가려짐을 해석, 관찰 데이터를 분석하여 지구 모형에서 달의 본그림자에 해당하는 부분에서만 전등이 오른쪽부터 가려짐을 해석)이 이루어지고 있다. 이러한 해결방법을 사용하여 다음과 같은 과학적인 해결을 할 수 있다.

② 과학적 해결

탐구는 전등, 달 모형, 지구 모형을 사용하여 이들의 상대적 위치를 변화시켜 태양, 달, 지구의 상대적인 위치 변화에 따라 나타나는 일식과 월식현상에 대해 이해하려는 것이다. 이를 위해 달 모형을 지구 모형 주위를 돌게 하여 달 모형의 모습 변화를 관찰하고, 달 모형이 전등을 가려 생긴 그림자가 지구 모형에 닿는 부분을 관찰하면서 관찰 데이터를 수집하고 이를 해석하는 활동을 한다. 데이터를 해석하기 위해 알고 있어야 할 개념은 '첫째, 지구나 달이 태양 빛을 가리면 본그림자와 반그림자가 생긴다. 둘째, 태양, 지구, 달이 일직선상에 있으면 지구의 본그림자에 달이 가려지게 되는데 이 현상을 월식이라고 한다. 셋째, 태양, 달, 지구가 일직선상에 있으면 지구에는 달의 그림자가 생기는데, 이때 달의 본 그림자에 위치한 지역에서는 개기일식, 반그림자에 위치한 지역에서는 부분일식현상이 나타난다. 넷째, 달이 지구 주위를 서에서 동으로 공전하기 때문에 월식현상은 달의 왼쪽부터 가려지고, 일식현상은 태양의 오른쪽부터 가려진다.' 등이 있다.

결과 및 정리에서 설명을 요구하는 질문은 '첫째, 지구 모형

(큰 공)의 그림자 속에 달 모형(작은 공)이 들어가는 경우를 월식과 관련하여 설명해 보자. 둘째, 작은 공의 그림자에 큰 공의 일부가 가려지는 경우를 일식과 관련하여 설명해 보자.'이다. 관찰내용과 개념을 토대로 위 질문에 대해 설명하는 것은 다음의 추론에 의해 이루어진다.

첫째 질문

① 천체와 광원이 일직선상에 있으면 천체가 광원을 가려서 그림자를 만든다.

② 천체가 광원을 가리면 본 그림자와 반그림자가 생긴다.

③ 천체가 광원의 빛을 완전히 가려서 생기는 그림자를 본그림자라고 한다.

④ 천체가 광원의 빛을 부분적으로 가려서 생기는 그림자를 반그림자라고 한다.

⑤ 전등, 큰 스타이로폼 공(지구 모형), 작은 스타이로폼 공(달 모형)은 실제에서 태양, 지구, 달에 해당하며 큰 전등에서 3m쯤 떨어진 곳에 위치한 스티로폼 공 주위를 작은 스티로폼 공이 도는 것은 실제에서 태양, 지구, 달의 상대적인 위치변화에 해당한다.

⑥ 달 모형이 전등, 지구 모형과 일직선상에 있으면서 지구 모형 주위를 돌면 지구 모형의 본그림자를 지날 때 달 모형이 왼쪽부터 보이지 않게 된다.

⑦ 달이 지구의 본그림자를 지날 때 달이 가려지는 현상을 월식이라고 한다.

⑧ 월식이 일어날 때는 달의 왼쪽부터 가려진다.

⑨ 전등, 지구 모형, 달 모형을 일직선상에 위치했을 때 달 모형이 지구 모형 주위를 돌면 지구 모형의 그림자 속에 달 모형이 왼쪽부터 가려지는 것은 실제에서 지구의 본그림자에 달이 왼쪽부터 가려지는 월식현상이다.

둘째 질문

첫째 질문을 해결하는 과정에서 사용된 전제 중 ①~⑤ 까지는 동일하게 적용되어 다음과 같은 추론으로 해결된다.

①~⑤

⑥ 달 모형이 전등, 지구 모형과 일직선상에 있으면서 지구 모형 주위를 도는 동안 전등과 지구 모형 사이를 지날 때는 전등 빛을 가려 지구 모형에 본그림자와 반그림자가 만들어진다.

⑦ 실제로 지구에서 달에 의해 태양 빛이 가려져 생긴 달의 본그림자에 위치하는 지역에는 개기일식, 반그림자에 위치하는 지역에는 부분일식이 일어난다.

⑧ 일식이 일어날 때는 태양의 오른쪽부터 가려진다.

---

⑨ 전등, 달 모형, 지구 모형이 일직선상에 위치했을 때 달 모형이 지구 모형 주위를 돌면서 전등을 오른쪽부터 가리는 것은 실제에서 달이 지구 주위를 공전하면서 태양을 오른쪽부터 가리는 일식현상이다.

두 질문을 해결하는 각각의 추론에서 전제 ①~④, ⑦, ⑧은 개념지식이다. 그리고 ⑤는 크기가 다른 스타이로폼 공과 전등이 지구, 달, 태양에 비유한 사실지식이며, ⑥은 탐구 과정에서 알게 된 사실지식이다. 각 추론에서의 전제 ①~⑧은 ⑨로 귀결되므로 결론 ⑨는 연역추론에 의한 설명이다.

결과적으로 '일식과 월식은 어떻게 일어날까?'라는 질문은 연역추론에 의해 태양, 지구, 달이 일직선상에 있으면서 달이 태양을 가리면 일식현상이, 달이 지구의 그림자를 지나가면 월식현상이 일어난다는 개념지식을 확인하면서 해결된다.

8. 화성의 위치와 위상

다음 탐구활동의 주제는 '화성의 위치와 위상'으로 '화성의 위치와 위상은 어떻게 알 수 있을까?'라는 질문을 해결해야 하는 것이다.

〈탐구활동자료 8〉 영재학급 학습자료 2학년(2013)

화성의 위치와 위상

개요

주어진 자료를 이용하여 지구와 화성의 상대적 위치를 찾고, 이를 통해 화성의 위상을 결정하는 실험(실습)이다.

준비물

각도기, 직선 자(30cm)

실험 과정

① 표에 주어진 태양과 화성의 적도 좌표를 적도좌표계와 황도좌표계 사이의 변환 그래프([부록1-1], [부록1-2])에 점으로 표시한 후, 이에 대응하는 황경 값을 읽어 표에 정수로 기입한다.

② 표에서 주어진 날짜에 대한 태양의 황경 값을 읽고, 이 값을 토대로 지구의 위치를 [부록 2]의 지구의 궤도상에 표시하고 '월'을 기입한다.

③ 지구의 위치에 각도기의 중심을 맞춘 후, 춘분점에 평행한 방향을 기준으로 하여 같은 날짜의 화성에 대한 황경 값을 읽어 화성의 위치를 [부록 2]의 화성의 궤도상에 표시한다.

④ 화성의 이각(지구를 중심으로 태양과 화성이 이루는 각)을 측정하여 표에 정수로 기입한다.

⑤ 7월 20일과 11월 17일의 화성의 위상을 다음과 같은 방법으로 그린다.

[위상 그리는 방법]

화성의 위치에서 태양으로부터 화성까지의 방향에 수직되게 접선을 그린다. 같은 방법으로 지구와 화성을 연결하는 직선에 수직되게 접선을 그어 화성의 위상을 결정하고 표 아래의 원안에 그린다. 위상을 그릴 때에는 보이지 않는 부분을 검게 칠한다.

실험 결과 및 해석

① 태양과 화성의 위치

날짜	태양					화성					이각
	적경		적위		황경	적경		적위		황경	
	h	m	°	'	°	h	m	°	'	°	°
1. 21	20	13	−19	56		17	08	−22	58		
2. 20	22	14	−10	58		18	40	−23	35		
3. 22	00	05	00	35		20	12	−20	55		
4. 21	01	55	11	49	31	21	41	−15	25	322	
5. 21	03	51	20	10		23	04	−08	04		
6. 20	05	55	23	26		00	23	−00	08		
7. 20	07	58	20	41		01	36	07	06		
8. 19	09	53	12	49		02	39	12	35		
9. 18	11	42	01	55		03	21	15	48		
10. 18	13	32	−09	34		03	18	16	37		
11. 17	15	30	−18	57		02	38	15	29		
12. 17	17	39	−23	21		02	23	15	31		

〈표 1〉

② 화성의 위상(보이지 않는 부분을 어둡게 나타내시오.)

7. 20	11. 17

〈표 2〉

③ 〈표 1〉에 주어진 날짜 중 화성의 시지름이 가장 작은 날은 언제인가?

(　　)월 (　　)일

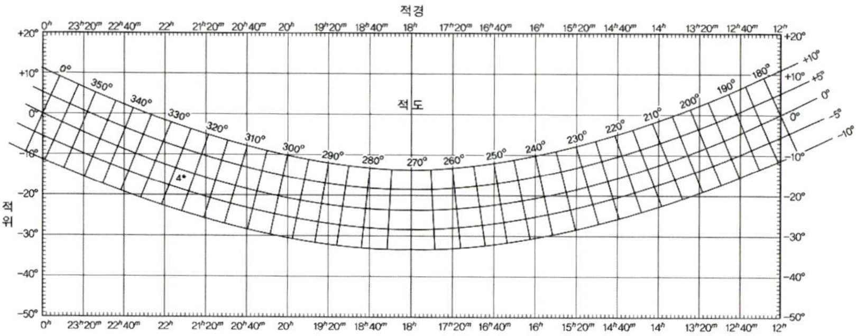

〈부록 1-1〉

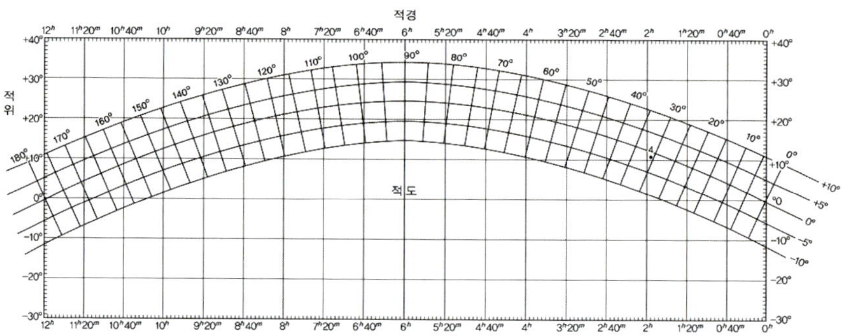

〈부록 1-2〉

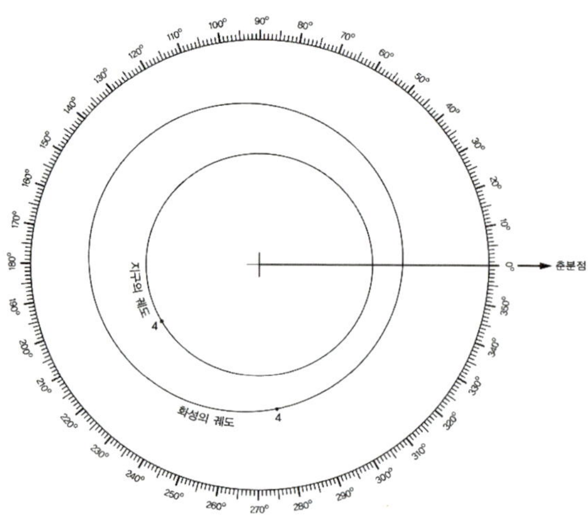

〈부록 2〉

1) 질문 해결하기

① 해결방법

질문 '화성의 위치와 위상은 어떻게 알 수 있을까?'를 해결하기 위해 실험 과정이 ①~⑤로 제시되어 있다. ①은 태양과 화성의 황경을 찾는 방법이고, ②는 태양의 황경을 이용하여 지구공전궤도에서 지구의 위치를 찾는 방법이며, ③은 화성의 황경을 이용하여 화성의 공전궤도에서 화성의 위치를 찾는 방법이다. ④는 ①~③의 결과를 이용하여 화성의 이각을 측정하는 활동이며, ⑤는 위상 작도 방법을 이용해서 화성의 위상을 알아내는 활동이다.

실험결과 및 해석에서 1단계는 〈표 1〉의 빈 항목인 태양과 화성의 황경, 화성의 이각을 찾는 것이다. 이는 실험 과정의 ①과 ④에서 활동을 한 후 그 결과를 〈표 1〉에 정리하여 해결할 수 있다. 이를 위해서는 〈표 1〉에 제시된 태양과 화성의 적경과 적위를 〈부록 1-1〉과 〈부록 1-2〉에 표시해야 한다. 〈부록 1〉은 적경 적위 좌표계로 〈부록 1-1〉은 적경이 0h~12h까지, 〈부록 1-2〉는 적경이 12h~24h까지 표시되어 있다. 또 〈부록 1〉의 가운데에는 〈부록 1-1〉은 0°~180°까지, 〈부록 1-2〉는 180°~360°까지 곡선으로 제시된 부분이 있는데, 이는 적도 좌표계와 관련지은 황도 좌표계이다. 실험 과정 ①을 수행하기 위해 태양을 검정색으로 화성을 빨강색으로 구분해서 〈표 1〉에 제시된 적경과 적위를 〈부록 1〉의 좌표에 점으로 나타내면 [그림 54]와 [그림 55]를 얻을 수 있다. 두 그림에 표시된 태양과 화성의 각 지점에 대해 황도 좌표계의 눈

금을 찾아 황경을 읽을 수 있으며, 그 결과 〈표 1〉은 화성의 이각 항목을 제외한 나머지 항목이 완성된다.

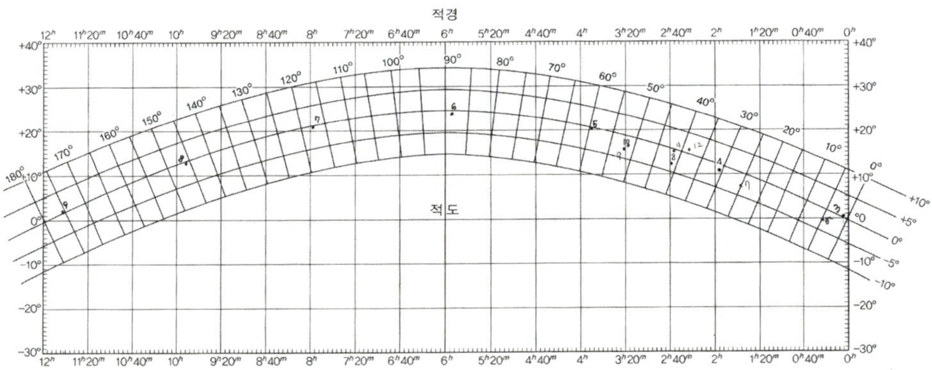

[그림 54] 태양과 화성의 적도 좌표와 황도 좌표 1

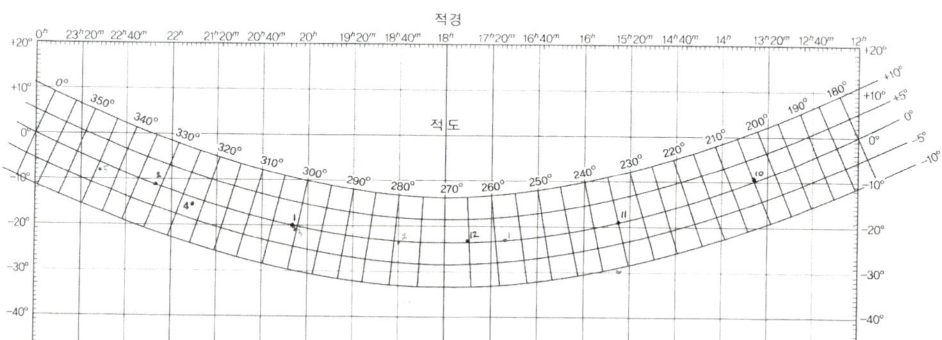

[그림 55] 태양과 화성의 적도 좌표와 황도 좌표 2

〈표 1〉의 화성의 이각을 알기 위해서는 실험 과정 ②와 ③을 수행해서 〈부록 2〉를 완성해야 한다.

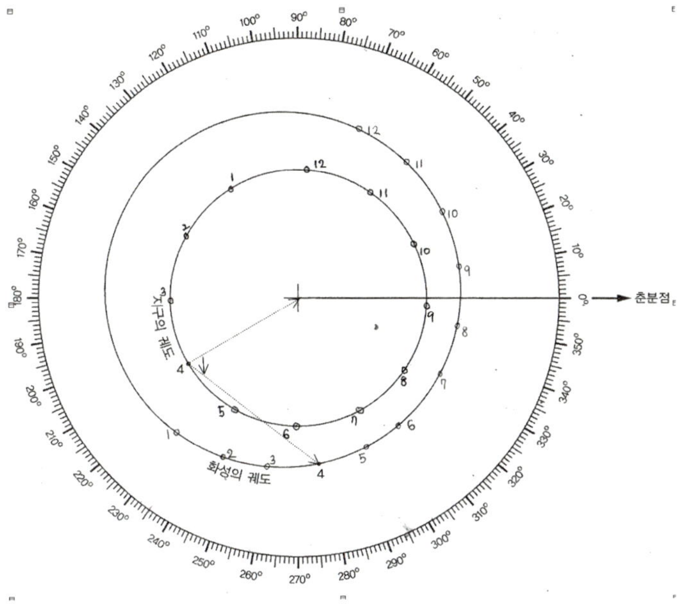

[그림 56] 화성의 이각 측정

실험 과정 ②는 태양의 황경을 이용하여 지구의 공전궤도에 지구의 위치를 찾아 〈부록 2〉에 표시하고, ③은 화성의 황경을 이용하여 화성의 공전궤도에서 화성의 위치를 찾아 〈부록 2〉에 표시하는 것이다. ②와 ③과정을 수행하면 [그림 56]과 같이 완성할 수 있다. [그림 56]에 예시된 4월에 화성의 이각을 측정하는 방법과 같이 각 날짜마다 화성의 이각을 측정하고, 그 값을 〈표 1〉에 적어 넣는다. 이로써 실험결과 및 해석의 1단계인 〈표 1〉이 완성된다.

실험결과 및 해석에서 2단계는 실험 과정 ⑤의 [위상 그리는 방법]에 따라 화성의 위상을 작도하여 그리는 것이다. 즉, [위상 그리는 방법]에 따라 [그림 57]과 [그림 59]와 같이 화성이 태양빛을 받는 면과 받지 않는 면을 먼저 작도하고 지구에서 화성을 볼 때 보이는 면과 보이지 않는 면을 작도한다. 그리고 지구에서 보이는 화성면에 대해 밝은 부분과 어두운 부분의 비를 찾고, 이를 〈표 2〉에 그려 넣으면 화성의 위상을 얻을 수 있다. [그림 57]과 [그림 58]은 7월 20일에 지구, 태양, 화성의 상대적인 위치에서 화성의 위상을 작도하고 이를 그린 것으로, 이때 화성의 위상은 오른쪽이 부푼 하현달 모습이다. [그림 59]와 [그림 60]은 11월 17일에 지구, 태양, 화성의 상대적인 위치에서 화성의 위상을 작도하고 이를 그린 것으로, 이때 화성의 위상은 왼쪽이 조금 덜 찬 보름달 모습이다.

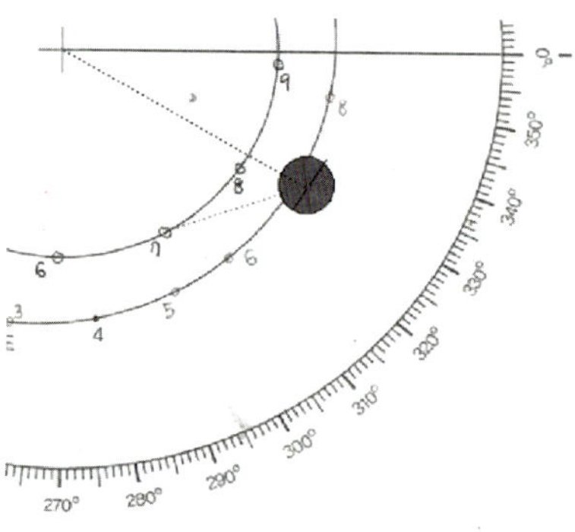

[그림 57] 화성의 위상작도

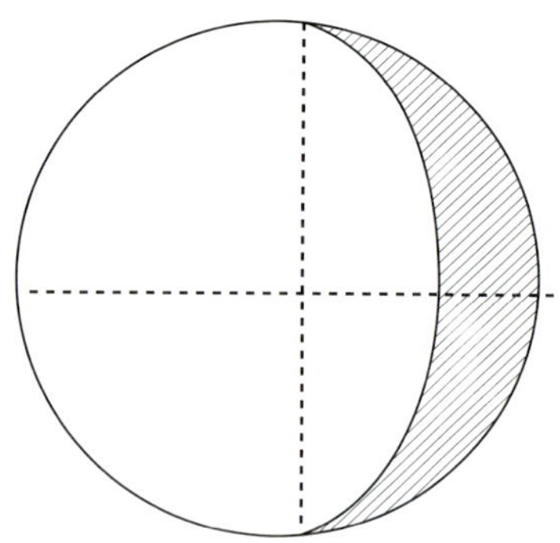

[그림 58] 7월 20일 위상

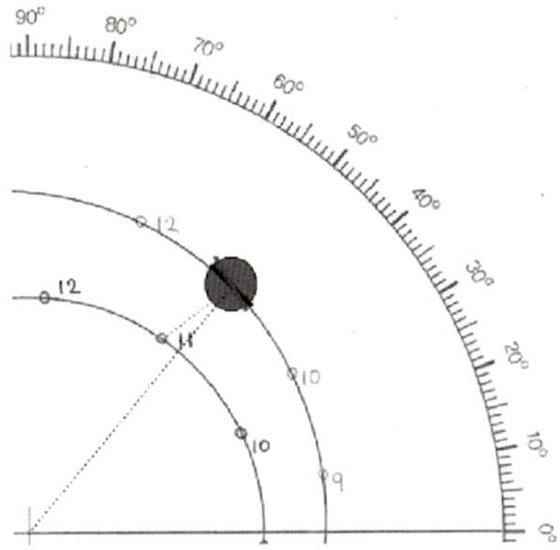

[그림 59] 화성의 위상작도

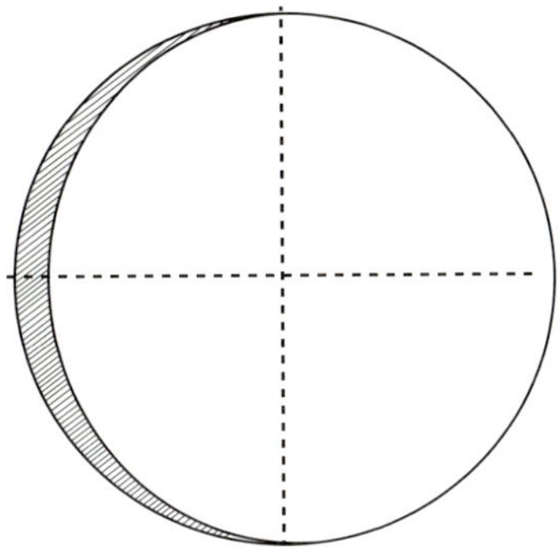

[그림 60] 11월 17일의 화성의 위상

실험결과 및 해석에서 3단계는 실험 과정의 ②와 ③에서 얻은 [그림 56]을 이용한다. 화성의 시지름이 가장 작을 때는 지구와 화성 사이의 거리가 가장 멀 때이므로, [그림 56]에서 관측된 날짜에 따라 지구와 화성 사이의 거리를 측정하여 두 행성 사이의 거리가 가장 멀 때를 찾는다. 가장 멀리 떨어져 있을 때는 1월 21일이며, 이때 화성의 시지름이 가장 작다.

탐구 과정에는 과학과정기술로 측정(화성의 이각 측정, 지구에서 보이는 화성의 밝은 부분과 어두운 부분의 비측정, 화성의 시지름이 가장 작을 때를 찾기 위해 관찰 날짜에 따른 지구와 화성 사이의 거리 측정)이 사용되고, 데이터 분석과 해석(태양과 화성의 적경과 적위를 적도 좌표계에 표시, 적도 좌표계에 겹쳐져 있는 황도 좌표계에서 태양과 화성의 황경을 찾고 이를 표에 정리, 태양과 화성의 황경을 이용하여 지구와 화성의 공전궤도에 각 행성들의 위치를 표시, 측정한 화성의 이각을 표에 정리, 지구에서 보이는 화성의 밝은 부분과 어두운 부분의 비를 그림으로 나타내어 위상을 표시, 날짜에 따라 지구와 화성 사이의 거리를 비교하여 화성의 시지름을 비교)이 이루어지고 있다. 특히, 과학과정기술을 통해 얻은 데이터를 분석하기 위해 표나 그림으로 데이터를 표현하도록 직접 요구(〈표 1〉, 〈표 2〉가 제시되어 있음)하고 있다. 이러한 해결방법을 사용하여 데이터를 수집하고, 이를 분석 및 해석하여 다음과 같은 과학적인 해결을 할 수 있다.

② 과학적 해결

탐구는 태양과 화성의 적경과 적위 및 적도 좌표계와 관련지어진 황도 좌표계를 통해 관찰 날짜에 따른 태양과 화성의 황경을 찾게 되어 있다. 이를 활용하여 관찰 날짜에 따라 지구 공전궤도에서 지구의 위치를, 화성의 공전궤도에서 화성의 위치를 찾고 더 나아가 화성의 이각, 화성의 위상 변화, 화성의 시지름 변화를 알아내려는 것이다. 이는 태양과 화성의 황경 데이터를 분석하여 지구와 화성의 위치, 화성의 이각, 화성의 위상 변화, 화성의 시지름변화를 해석해내는 활동이다. 데이터를 해석하기 위해 알고 있어야 할 개념지식은 '첫째, 날짜에 따른 태양의 운동은 지구의 공전에 의한 것이므로 태양의 황경은 태양을 중심으로 할 때는 지구의 황경이 된다. 둘째, 천체의 위상은 지구에서 볼 때 태양에 대한 천체의 상대적인 움직임으로 나타나는 천체의 모습이다. 셋째,

시지름은 지구에서 본 천체의 겉보기 크기를 각도의 단위로 나타낸 것이다.' 등이 있다.

결과 및 해석에서 설명을 직접 요구하지는 않지만 2단계에서 요구하는 '화성의 위상 알아내기'와 3단계에서 요구하는 '화성의 시지름이 가장 작은 날 결정하기'는 설명이 수반되는 과정이다. 이는 다음의 추론에 의해 이루어진다.

화성의 위상 알아내기:

① 광원, 관측자, 관측대상이 있을 때 관측자는 관측대상이 광원에서 빛을 받아 밝게 보이는 부분만 볼 수 있다.

② 관측자의 시선방향에서 보이는 관측대상의 모습이 위상이다.

③ 광원, 관측자, 관측대상의 상대적인 위치에 따라 관측대상의 위상이 달라진다.

④ 위상을 작도하는 방법은 첫째, 태양 빛을 받아 화성이 밝게 보이는 부분과 어둡게 보이는 부분을 결정한다.

⑤ 위상을 작도하는 방법 두 번째는 지구의 시선방향에서 화성이 보이는 부분과 보이지 않는 부분을 결정한다.

⑥ 위상을 작도하는 방법 세 번째는 지구의 시선방향에서 화성의 밝은 부분과 어두운 부분의 비율을 측정한다.

---

⑦ 7월 20일에 화성의 위상은 오른쪽이 부푼 하현달 모습이다.

⑧ 11월 17일에 화성의 위상은 왼쪽이 조금 덜 찬 보름달 모습이다.

화성의 시지름이 가장 작은 날 결정하기:

① 시지름은 지구에서 본 천체의 겉보기 크기를 각도의 단위로 나타낸 것이다.
② 지구에서 같은 거리에 있는 천체라면 크기가 큰 천체의 시지름이 크다.
③ 같은 크기의 천체라면 지구로부터 가까이 있는 천체의 시지름이 크다.
④ 화성은 태양 주위를 공전하는 동안 지구와의 거리가 달라진다.
⑤ 관측 날짜 중 1월 21일에 화성이 지구로부터 가장 멀리 있다.

---

⑥ 1월 21일에 화성의 시지름이 가장 작다.

'화성의 위상 알아내기'에서 전제 ①~③은 개념지식이고, ④~⑥은 작도방법을 알려주는 역할을 하는 사실지식이다. 그리고 결론 ⑦과 ⑧은 전제를 토대로 탐구활동을 하면 얻어지는 사실지식이다. 즉, 결론 ⑦과 ⑧은 전제 ①~⑥에 함축되어 있으므로 연역추론에 의한 설명을 수반하여 얻어진 것이다.

'화성의 시지름이 가장 작은 날 결정하기'에서는 전제 ①~③은 개념지식이고, ④와 ⑤는 사실지식이다. 그리고 결론 ⑥은 전제를 토대로 탐구활동을 하면 얻어지는 사실지식이다. 즉, 결론 ⑥은 전제 ①~⑤에 함축되어 있으므로 연역추론에 의한 설명을 수반하여 얻어진 것이다.

결과적으로 '화성의 위치와 위상은 어떻게 알 수 있을까?'라는 질문은 화성 공전궤도에 나타낸 화성의 날짜별 위치를 토대로 연역추론이 수반되는 활동에 의해 화성의 위치와 시지름의 크기를 관련짓고, 화성의 위치에 따른 화성의 위상을 알아내면서 해결된다. 즉, 화성의 시지름이 가장 작을 때는 화성의 위치가 지구와 가장 멀리 있을 때라는 것과 화성의 위상 중에는 오른쪽이 부푼 하현달 모습, 왼쪽이 조금 덜 찬 보름달 모습이 보인다는 사실지식을 얻게 된다.

9. 행성의 공전궤도 모습

다음 탐구활동의 주제는 '행성의 공전궤도 모습'으로 '행성의 공전궤도 모습은 원일까?'라는 질문을 해결해야 하는 것이다.

〈탐구활동자료 9〉 영재학급 학습자료 2학년(2012)

행성의 운동(가정평가)

1. **활동을 하기 전에...**

태양계의 구성원을 말할 수 있다.

행성이 태양주위를 공전하는 길을 공전궤도라고 말할 수 있다.

금성은 새벽이나 초저녁에만 볼 수 있음을 말할 수 있다.

타원의 이심률을 구할 수 있다.

$$e = \sqrt{1 - (\frac{b}{a})^2}$$

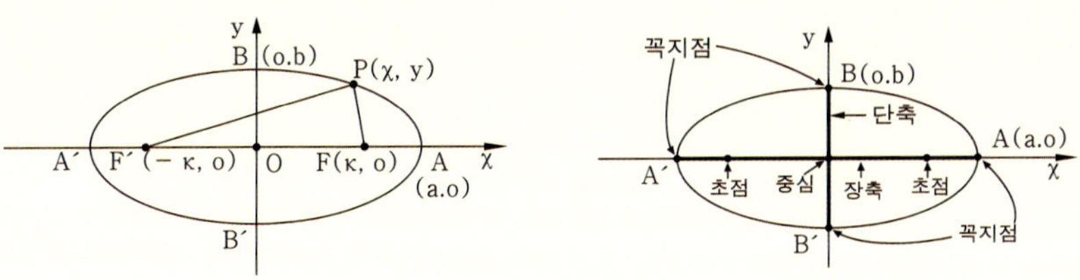

타원

2. 이 활동을 하면...

가) 행성의 궤도 크기를 이해하기 위해 행성의 궤도모습이 원 모양이라는 가정을 하였음을 알 수 있다.

나) 행성의 궤도모습에 대한 가정을 근거로 관측데이터가 1개인 금성에 대해서도 궤도를 작도할 수 있음을 알 수 있다.

다) 여러 개의 관측 데이터로 수성의 궤도를 작도할 수 있다.

라) 행성의 궤도를 이해하기 위하여 설정한 가정이 적합한지 평가할 수 있다.

마) 데이터의 수가 과학에서 자연을 이해하는 데 어떤 역할을 하는지 이해할 수 있다.

바) 태양의 상을 이용하여 1년 동안 태양과 지구 사이의 거리 변화를 추론할 수 있다.

사) 수성과 지구의 행성궤도 이심률을 계산할 수 있다.

아) 행성의 궤도모습에 대한 가정이 행성의 공전궤도를 이해하는데 적합한지 평가할 수 있다.

3. 무엇이 필요할까?

각도기, 종이, 자(30cm), 컴퍼스, 계산기, 연필

4. 어떻게 활동할까?

활동 1. 금성의 공전궤도 모습은?

1. 데이터 : 최대이각 관측자료 1개

   (금성의 최대이각 : 48°)

2. 도형의 어떤 성질을 이용해서 그릴까?
3. 데이터가 1개이다. 행성의 공전궤도모양에 대해 어떤 가정을 해야 그릴 수 있을까?
4. 금성의 공전궤도 작도하기

가. 지구와 태양 사이의 거리를 10cm로 하였을 때 금성의 궤도 반지름은 얼마인가?

나. 지구와 태양 사이의 거리는 약 1.5×10^8㎞이다. 금성의 궤도 반지름은 얼마인지 계산해보자.

활동 2. 수성의 공전궤도 모습은?

1. 데이터 : 최대이각 관측자료 12개

2. 유의사항 : 수성궤도를 결정하면서 데이터 수가 많아지는 것이 어떤 의미인지 생각한다.

: 수성의 최대이각 데이터 각각은 지구가 지구 공전궤도에서 이동하면서 측정한 자료임을 이해해야 한다.

〈수성의 최대이각 관측자료〉 [천문 역서]를 통해 얻은 자료임

날짜	Julian Day	최대 이각	경과된 날	지구의 위치
1979. 3. 8	2443941	18 E		
1979. 4. 21	2443985	27 W		
1979. 7. 3	2444058	26 E		
1979. 8. 19	2444105	19 W		
1979. 10. 29	2444176	24 E		
1979. 12. 7	2444215	21 W		
1980. 2. 19	2444289	18 E		
1980. 4. 2	2444332	28 W		
1980. 6. 14	2444405	24 E		
1979. 8. 1	2444453	19 W		
1980. 10. 11	2444524	25 E		
1980. 11. 19	2444563	20 W		

1. 태양을 중심에 두고 지구의 공전궤도를 원궤도로 그린다.
2. 수성의 공전궤도 작도하기

가. 지구와 태양 사이의 거리를 10cm로 하였을 때 수성의 궤도 반지름은 얼마인가?

나. 가설평가1. 행성의 궤도모습을 원이라고 한 가정을 평가해보자.

활동 3. 1년 동안 지구와 태양사이의 거리는 일정할까?

가. 태양 사진 4장

문제 : 무엇을 측정해야 할까?

데이터 : 태양의 상 사진 4장

1992년 1월 23일

측정값: ____________________

1992년 4월 22일

측정값: ____________________

1992년 7월 21일

측정값: ____________________

1992년 10월 19일

측정값: ____________________

① 측정 과정에서 도형의 어떤 성질을 이용하였는가?

② 지구와 태양 사이의 거리는 일정한가?

나. 태양 사진 36장 (사진은 자료로 제공함)

날짜	경과일	각도 (경과일×360/365)	태양크기 (두 측정값의 평균)	상대 거리 (1/태양크기)	상대거리 확대(×50)
1월 10일					
1월 25일					
1월 30일					
2월 5일					
2월 15일					
2월 25일					
3월 10일					
3월 21일					
3월 30일					
4월 10일					
4월 20일					
4월 30일					
5월 10일					
5월 20일					
5월 30일					
6월 10일					
6월 21일					
6월 30일					
7월 10일					
7월 20일					
7월 30일					
8월 10일					
8월 20일					
8월 30일					
9월 10일					

9월 23일					
9월 30일					
10월 10일					
10월 20일					
10월 28일					
11월 10일					
11월 20일					
11월 30일					
12월 10일					
12월 22일					
12월 30일					

다. 지구의 공전궤도 작도하기

라. 행성의 공전 궤도 이심률 구하기

행성			지구				
이심률							

*가설평가2. 행성의 궤도모습을 원이라고 한 가정을 평가해 보자.

5. 어떤 결과가 나왔나요?

가. 지구와 태양 사이의 거리를 10cm라고 하였을 때 구한 금성과 수성의 반지름을 정리해보자.

행성	금성	수성	지구
반지름			10cm

나. 작도한 행성들의 궤도 이심률을 계산한 결과를 정리해보자.

행성	금성	수성	지구
이심률			

다. 행성궤도 모습을 원이라고 한 가정을 평가해본 결과를 정리해보자.

가정평가	가정평가 1	가정평가 1
평가결과		

6. 생각해보기

가. 관측데이터 1개로 금성의 궤도를 작도할 수 있는 것은 행성의 공전궤도모양에 대해 어떤 가정을 하였기 때문인가?

나. 수성의 최대이각자료를 모두 사용하였을 때 수성의 공전궤도모양은 어떠한가? 그런 모습을 그릴 수 있게 된 이유를 설명해보자.

다. 태양 사진을 통해 태양과 지구사이의 거리가 일정하지 않음을 알 수 있다. 어떻게 태양 사진으로 이러한 현상을 알 수 있을까?

7. 논의

자연 현상을 이해하기 위해 과학자들은 가정을 설정하는 경우가 있다. 가정은 실제와는 다르다. 그렇다면 왜 과학에서는 자연 현상을 이해하려고 할 때 이처럼 실제와 다른 값이나 내용을 가정하는지 논의하여 정리해보자.

8. 생각 넓히기

수성과 금성은 지구보다 태양 가까이에서 공전하기 때문에 두 행성의 궤도 크기는 지구의 궤도 크기보다 작다. 이 때문에 이 행성들을 관측하면 이들은 태양 주변에서만 관측되고 이각은 매일 달라진다. 이 외에 관측될 수 있는 사실들은 어떤 것이 더 있을까?

1) 질문 해결하기

① 해결방법

질문 '행성의 공전궤도 모습은 원일까'를 해결하기 위해 제시된 탐구활동이 3개이다. 아주 오래전에는 행성의 운동을 이해하기 위해 행성의 궤도 모습을 원이라고 가정하였지만, 케플러에 의해 행성의 궤도모습은 타원임이 밝혀졌다. 그럼에도 불구하고, 내행성의 겉보기 운동이나 외행성의 겉보기 운동과 같은 행성의 운동을 이해하려고 할 때나 태양과 행성사이의 평균거리를 이해하려고 할 때는 여전히 행성의 궤도 모습을 원이라고 가정한다. 이 탐구활동의 질문은 행성의 공전궤도 모습이 타원임에도 불구하고, 원이라고 가정하는 것이 적합한지에 대해 의문을 제기하는 것이다. 이를 위해 3가지 활동이 제시되어 있고, 각 활동을 수행한 결과를 토대로 가정에 대해 평가하도록 되어 있다.

활동 1은 금성의 최대이각을 관측한 데이터가 1개 제시되어 있고 이를 이용해서 금성의 공전궤도를 그리는 활동이다. 이 활동을 할 때는 행성의 공전궤도 모습이 원이라는 가정을 토대로 해야 한다. 그리고 지구에서 관측한 금성의 최대이각이란 지구에서 금성을 향한 시선방향이 금성 공전궤도의 한 점에서 접선을 이루는 지점에서의 각도라는 것을 알아야 한다. 주어진 데이터가 금성의 최대이각 48°이므로, 지구에서 태양을 잇는 가상의 선분(A)을 그리고 지구를 기점으로 이 선분과 48°를 이루는 선분(B)을 그린다. 다음은 태양을 중심으로 B선분에 수선을 내린다. 금성의 공전궤도를 원이라고 했을 때 수선과 B선분이 만나는 점이 접점으로 금성이 위치하는 곳이다. 태양과 이 접점 사이의 거리가 금성의 공전궤도 반지름이므로, 이를 반지름으로 하는 원을 작도하면 [그림 61]과 같이 금성의 공전궤도를 구할 수 있다. [그림 61]에서 지구의 공전궤도 반지름이 10cm일 때 금성은 약 7.4cm로 측정되므로, 실제 금성의 공전궤도 반지름은 약 1.2×10^8 km임을 알아낼 수 있다.

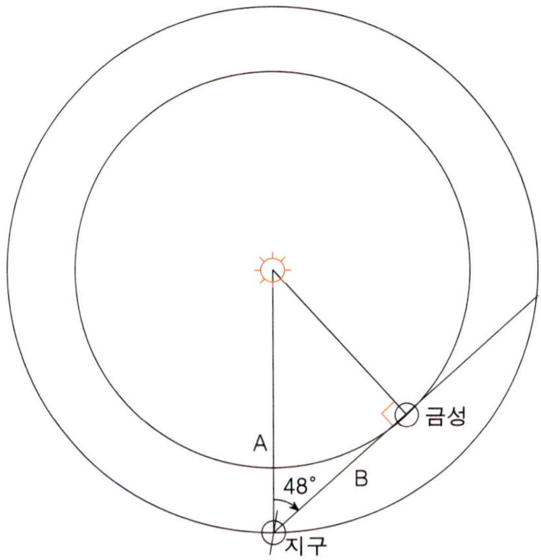

[그림 61] 금성의 공전궤도 작도

활동 2는 수성의 최대이각 자료가 12개 제시되어 있고, 이를 이용해서 수성의 공전궤도를 그리는 활동이다. 이 활동은 데이터가 12개이므로 활동 1과 달리 각 날짜에 따른 지구의 위치 변화도 고려해야 한다. 1979년 3월 8일의 지구 위치를 임의로 정한 후 이 날을 기점으로 [그림 62]와 같이 경과된 날에 따른 지구의 이동 위치를 결정한다. 이때 지구에서 태양까지의 거리는 일정한 것으로 가정한다. 다음은 각 날짜마다 지구에서 관측한 수성의 최대이각에 따라 활동 1과 같은 방법으로 수성의 위치를 결정한다. [그림 62]에 표시된 숫자는 지구와 수성의 위치를 날짜순으로 나타낸 것이다. 수성의 위치를 결정하고 나면 [그림 62]와 같이 수성의 각 지점을 연결하여 수성의 공전궤도 모습을 나타낼 수 있다. 보는 것과 같이 관측된 수성의 위치의 자취는 원이 아니다. 따라서 활동 1에서 금성의 공전궤도 반지름을 결정하듯이 수성의 공전궤도 반지름을 결정할 수 없다. 활동결과에서 수성의 공전궤도 모습을 볼 때 '행성의 공전궤도 모습은 원'이라는 가정은 옳지 않은 것으로 평가된다. [그림 62]에서 수성의 공전궤도 장반경은 약 4.0cm, 단반경은 약 3.85cm로 측정되며, 이 값을 이용하여 이심률을 구하면 약 0.27로 계산된다.

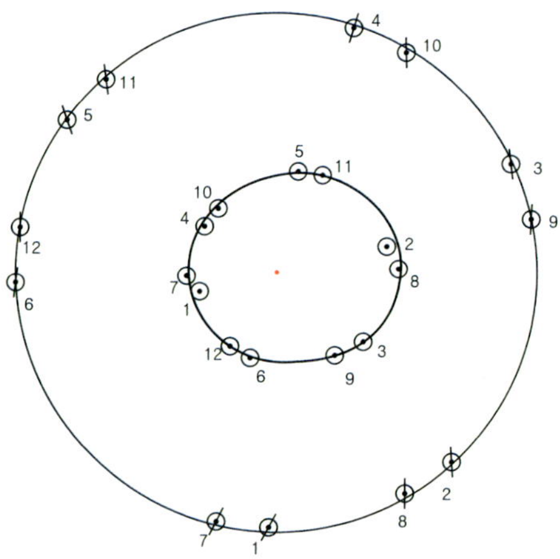

[그림 62] 수성의 공전궤도 작도

활동 3은 활동 1과 2에서 항상 원으로 표현한 지구의 공전궤도 모습에 대해 알아보려는 것이다. 지구는 관측자가 있는 행성이므로 금성이나 수성처럼 최대이각을 활용할 수 없다. 대신에 일상 경험에서 알 수 있는 현상을 이용할 수 있다. 즉, 사진을 찍을 때 카메라와 피사체의 거리에 따라 같은 피사체라도 상의 크기가 다르다는 점이다. 이를 이용하기 위해 활동 3의 가. 에는 태양사진 4장이 제시되었는데, 여기서 피사체는 태양이고 카메라는 지구의 관측자에 해당한다. 4장의 사진을 촬영한 날짜는 약 3개월 간격이며 태양 상의 지름을 측정하고 비교하여 보면 [그림 63]에서와 같이 날짜에 따라 태양과 지구 사이의 거리가 달라지고 있음을 알 수 있다. 그러나 데이터의 개수가 4개에 불과하기 때문에 이로부터 지구의 공전궤도를 알아내기는 힘들다.

1992년 1월 23일

측정값: 약 4.2cm

1992년 4월 22일

측정값: 약 4.15cm

1992년 7월 21일

측정값: 약 4.2cm

1992년 10월 19일

측정값: 약 4.15cm

[그림 63] 태양의 상 크기 측정(약 3개월 간격으로 촬영)

활동 3의 나. 에는 자료로 제공되는 태양 사진 36장으로 활동 3의 가. 와 같이 태양 상의 크기를 측정하여 기록하도록 표가 제시되어 있다. 먼저 1월 10일의 지구 위치를 기준점으로 하여 경과일을 계산하고 이를 지구가 공전한 각도로 변환한다. 다음은 측정한 태양 상의 크기의 역수를 취하여 지구에서 태양까지의 상대적인 위치를 구하고 이를 확대(×50)한다. 다음 〈표 1〉은 이를 정리한 결과의 일부이다.

날짜	경과일	각도 (경과일×360/365)	태양크기 (두 측정값의 평균)	상대거리 (1/태양크기)	상대거리 확대(×50)
1월 10일	0	0.00	6.6	0.1515	7.58
1월 25일	15	14.79	6.6	0.1515	7.58
1월 30일	20	19.73	6.5	0.1538	7.69
2월 5일	26	25.64	6.5	0.1538	7.69
2월 15일	36	35.51	6.5	0.1538	7.69

〈표 1〉 관측날짜에 따른 태양 상의 크기와 상대거리

활동 3의 다. 는 〈표 1〉의 항목 중 각도와 상대거리 확대 값을 이용하여 지구의 공전궤도를 작도하는 활동이다. 지구의 공전 궤도는 [그림 64]와 같이 작도되며, 거의 원으로 보인다.

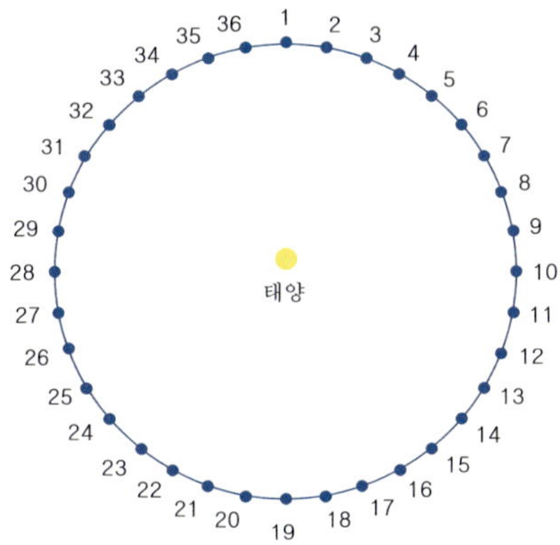

[그림 64] 지구 공전 궤도 작도(숫자는 1월 10일부터 날짜 순서를 나타낸다.)

활동 3의 라. 는 행성들의 공전궤도 이심률을 구하는 것이며, 자료 조사를 통해 〈표 2〉를 얻을 수 있다.

행성	수성	금성	지구	화성	목성	토성	천왕성	해왕성
이심률	0.2056	0.0068	0.017	0.0934	0.0484	0.0557	0.0472	0.0086

〈표 2〉 태양계 행성들의 공전궤도 이심률

행성들의 공전궤도 이심률은 수성을 제외하면 모두 0.1보다 작다. 그 중에도 금성과 해왕성의 이심률은 거의 0에 가깝다.

행성들의 이심률을 고려하여 활동들을 살펴보면, 활동 1은 데이터 1개를 주고 원의 성질을 이용하여 행성의 공전궤도를 그리게 하는 활동이다. 이 활동을 위해 금성을 사용한 것은 매우 적합한데, 그 이유는 금성의 공전궤도 이심률이 거의 0이기 때문이다. 활동 2는 데이터 12개를 주고 행성의 공전궤도 모습을 찾게 하는 활동이고, 이 활동을 함으로써 행성의 공전궤도 모습이 원이 아님을 인식할 수 있게 된다. 이 활동을 위해 수성을 사용한 것도 매우 적합한데, 그 이유는 수성의 공전궤도 이심률이 태양계 행성들 중 가장 크기 때문이다. 활동 3은 4개의 데이터로 지구의 공전궤도가 원이 아님을 확인하게 한 후, 36개의 데이터로 지구의 공전궤도를 그려보는 활동이다. 이 활동을 통해서 우리가 살고 있는 지구의 공전궤도 모습은 타원이지만 거의 원임을 인식할 수 있으며, 활동 2를 할 때 지구 공전궤도의 모습을 원으로 가정한 것이 적합함을 알 수 있다.

이와 같이, 행성의 공전궤도 이심률을 조사하여 비교해 본 결과 각 활동을 위해 매우 적절한 행성들이 사용되었음을 알 수 있다. 수성의 공전궤도 모습은 확연히 원이 아니지만 나머지 행성들은 대부분 공전궤도 이심률이 0에 가깝기 때문에 공전궤도 모습이 거의 원이다. 그리고 원의 성질이 타원의 성질보다 이해하기 수월하다. 따라서 행성의 운동을 정밀하게 표현하는 것이 아니라, 행성의 겉보기 운동이나 상대적인 거리 등을 이해하려고 할 때는 행성의 공전궤도 모습을 원으로 가정하는 것이 적합하다고 평가할 수 있다.

탐구 과정에는 과학과정기술로 측정(지구와 태양을 잇는 선분을 기준으로 금성의 최대이각에 해당하는 각도 측정, 태양에서 금성의 최대이각에

해당하는 선분에 내린 선이 수선이 되도록 각도 측정, 작도한 금성의 공전궤도 반지름 측정, 각 날짜마다 지구와 태양을 잇는 선분을 기준으로 수성의 최대이각에 해당하는 각도 측정, 태양에서 수성의 최대이각에 해당하는 선분에 내린 선이 수선이 되도록 각도 측정, 수성의 공전궤도 장반경과 단반경 측정, 태양 상의 지름 측정)과 예상(수성의 위치데이터 12개를 토대로 수성의 공전궤도 내삽, 지구의 위치 데이터 36개를 토대로 지구의 공전궤도 내삽)이 다루어져 있고, 데이터 분석과 해석(금성의 공전궤도를 그림으로 표현, 수성의 공전궤도 찾는 활동에서 관찰날짜의 경과에 따른 지구의 위치를 표로 표현, 수성의 공전궤도를 그림으로 표현, 날짜에 따라 지구가 이동한 위치, 태양 상의 크기, 태양과 지구와의 거리를 표로 표현, 지구의 공전궤도를 그림으로 표현)이 있다. 특히 과학과정기술을 통해 얻은 데이터를 분석하기 위해 데이터를 표나 그림으로 표현하도록 직접(그림을 그릴 공간과 표가 제시됨) 요구하고 있다. 이러한 해결방법을 사용하여 데이터를 수집하고 이를 분석 및 해석하여 다음과 같은 과학적인 해결을 할 수 있다.

② 과학적 해결

탐구는 행성의 겉보기 운동이나 태양으로부터 행성들의 평균거리 등을 이해할 때 행성의 공전궤도 모습을 원으로 가정하는 데 대해 그 가정이 타당한가를 평가하려는 것이다. 이를 위해 금성, 수성, 지구의 공전궤도를 작도하여 그 모습을 보고 가정의 타당성을 평가하도록 되어 있으며, 마무리단계에서는 행성들의 공전궤도 이심률을 근거로 가정의 타당성을 다시 평가하도록 되어 있다.

각 활동은 직접적으로 설명을 요구하고 있지는 않지만 가정의 타당성을 평가하도록 되어 있으므로 평가의 근거를 제시해야 한다. 즉, 설명이 수반되는 활동이다. 이때 원의 성질과 타원의 성질, 천체의 시지름, 행성의 이각에 대한 개념지식이 필요하며, 행성의 공전궤도는 타원이며, 지구의 공전주기는 약 365일이며, 지구의 공전궤도 반지름은 약 1.5×10^8km라는 사실지식이 있어야 한다. 행성의 공전궤도를 원이라고 한 가정의 타당성에 대한 평가는 다음의 활동들에서 이루어진 추론에 의한다.

금성의 공전궤도 반지름 구하기:

① 원은 평면 위의 한 점에서 일정한 거리에 있는 점들의 집합이다.

② 원의 접선은 접점을 끝점으로 하는 반지름에 수직이다.

③ 원 밖의 한 점에서 원에 그은 접선은 원의 중심과 가장 멀리 떨어져 있으며, 이때를 최대이각이라고 한다.

④ 행성의 공전궤도 모습을 원이라고 가정하면, 중심은 태양이다.

⑤ 지구의 공전궤도 모습이 원이면 공전궤도 반지름은 약 1.5×10^8km이다.

⑥ 지구 공전궤도의 한 점(금성의 공전궤도 밖의 한 점)에서 태양과 최대이각만큼 떨어지게 그은 직선은 금성 공전궤도의 한 점에서 접하는 접선이다.

⑦ 태양을 중심으로 ⑥의 접선에 수선을 내려서 접점을 찾으면 태양과 접점 사이의 거리가 금성 공전궤도의 반지름이 된다.

⑧ 지구의 공전궤도 반지름이 10cm일 때, 작도한 금성의 공전궤도 반지름은 약 7.4cm이다.

⑨ 실제 금성의 공전궤도 반지름을 x라고 하면, 10cm : 7.4cm = 1.5×10^8km : x의 비례식에서 구한 x가 금성의 공전궤도 반지름이다.

---

⑩ 금성의 공전궤도 반지름은 약 1.2×10^8km이다.

수성의 공전궤도와 가정평가하기:

① 행성의 공전궤도 모습은 타원이다.

② 행성의 운동에 대한 이해를 돕기 위해 행성의 공전궤도 모습을 원으로 가정한다.

③ 행성들의 공전방향은 천구의 북극에서 볼 때 시계 반대방향이다.

④ 관측 첫날에 지구(수성의 공전궤도 밖의 한 점)에서 태양과 최대이각이 되도록 그은 직선은 그 날의 수성 공전궤도의 접선이다.

⑤ 태양에서 수성 공전궤도의 접선에 수직이 되는 접점이 수성의 위치이다.

⑥ 관측 두 번째 날에 지구의 위치는 첫날을 기준으로 시계 반대방향으로 이동해 있다.

⑦ 지구의 두 번째 지점에서 ④와 ⑤를 반복한다.

⑧ 관측 날짜가 경과함에 따라 ⑥을 반복하여 지구의 위치를 결정한다.

⑨ 지구의 위치에 따라 ④와 ⑤를 반복한다.

---

⑩ 수성의 공전 자취는 원이 아니다.

⑪ 행성의 공전궤도를 원이라고 가정하는 것은 옳지 않다.

지구의 공전궤도 모습:

① 동일한 천체라도 시지름은 관측자와의 거리가 가까우면 크고, 거리가 멀면 작게 측정된다.

② 태양의 상 4개 중에서는 1월 23일일 때 가장 크고 4월 22일에는 이보다 작다. 그리고 7월 21일에 가장 작고 10월 19일에는 이보다 크지만 1월 23일일 때보다는 작다.

③ 태양의 상 4개 중에서 태양과 지구 사이의 거리는 1월 23일에 가장 가깝고, 7월 21일에 가장 멀다.

④ 피사체의 상 크기의 역수를 취하면 상대적인 거리가 된다.

⑤ 태양의 상 36개에서 태양과 지구 사이의 상대적 거리는 1월 10일 무렵에 가장 가깝고, 6월 21일 무렵에 가장 멀다.

⑥ 태양의 상 36개에서 처음 관측한 날의 지구의 위치를 임의로 정하고 이를 기준으로 경과일에 따라 나타낸 지구의 위치가 지구의 공전 자취이다.

---

⑦ 태양과 지구 사이의 거리는 일정하지 않다.

⑧ 지구의 공전 자취는 거의 원이다.

행성의 공전궤도 이심률과 가정평가하기:

① 타원의 이심률은 0보다 크고 1보다 작다.

② 이심률이 0일 때는 원이다.

③ 이심률이 0에 가까우면 원에 가깝고 이심률이 클수록 납작한 타원이 된다.

④ 행성의 공전궤도는 타원이다.

⑤ 행성의 겉보기 운동이나 태양에서 행성까지 평균거리를 이해하려고 할 때 행성의 공전궤도를 원이라고 가정한다.

⑥ 수성의 공전궤도 이심률은 약 0.2이고, 나머지 행성들의 공전궤도 이심률은 0.1보다 작다.

⑦ 금성의 공전궤도 이심률은 거의 0이며, 지구의 공전궤도 이심률은 0.017이다.

---

⑧ 행성의 공전궤도 모습은 타원이지만 수성을 제외하면 모두 거의 원에 가깝다.

⑨ 행성의 겉보기 운동 등을 이해하려고 할 때는 행성의 공전궤도가 원이라는 가정을 사용하는 것이 반드시 틀렸다고 할 수는 없다.

'금성의 공전궤도 반지름 구하기'에서 전제 ①~③은 개념지식이며, 전제 ④~⑧은 전제 ④의 가정이 타당한 경우에 사실지식이다. 그리고 전제 ⑨는 전제 ⑧의 내용을 적용시킬 비례식이다. 결론 ⑩은 전제 ①~⑨를 토대로 탐구활동을 하면 얻을 수 있는 사실지식이다. 따라서 결론은 전제에 함축되어 있으므로 연역추론에 의한 설명을 수반하여 얻어진 것이다. 여기서 유의할 점은 활동 자체가 가정을 평가하기 위한 것이 아니라 가정을 타당한 것으로 받아들이고 이를 토대로 행성의 운동(여기에서는 금성의 공전궤도 반지름)을 이해하려는 것이다. 즉, '금성의 공전궤도 반지름 구하기'는 가정을 평가하는 것이 아니라, 행성의 공전궤도의 반지름을 알아내기기 위해 가정을 사실로 받아들이고 있다.

'수성의 공전궤도와 가정평가하기'에서 전제 ①과 ③은 개념지식이며, ②는 가정으로써 검증받아야 할 개념지식이다. 전제 ④~⑨는 작도방법을 알려주는 역할을 하는 사실지식이다. 이러한 전제 ①~⑨에서 사실지식 결론 ⑩이 얻어지며, 이를 토대로 전제 ②를 검증하여 개념지식이 되는 결론 ⑪과 같은 평가를 할 수 있다. 이들 결론은 전제 ①~⑨에 함축되어 있으므로 연역추론에 의한 설명이 수반된 것이다.

'지구의 공전궤도 모습'에서 전제 ①과 ④는 개념지식이고, ②, ③, ⑤는 사실지식이며, ⑥은 작도방법을 알려주는 사실지식이다. 결론 ⑦과 ⑧은 전제 ①~⑥으로부터 얻은 사실지식으로 전제에 함축되어 있다. 즉, 이들 결론은 연역추론에 의한 설명이 수반된 것이다.

'행성의 공전궤도 이심률과 가정 평가하기'에서 전제 ①~④는 개념지식이고, ⑤는 가정으로써 검증받아야 할 개념지식이다. 전제 ⑥과 ⑦은 사실지식이다. 결론 ⑧은 전제 ①~⑦로부터 얻은 사실지식이며, 이를 토대로 전제 ⑤를 검증하여 개념지식이 되는 결론 ⑨와 같은 평가를 할 수 있다. 이들 결론은 전제 ①~⑦에 함축되어 있으므로 연역추론에 의한 설명이 수반된 것이다.

결과적으로 '행성의 공전궤도 모습은 원일까?'라는 질문은 연역추론이 수반되는 활동에 의해 금성의 공전궤도 반지름, 수성과 지구의 공전궤도 모습, 수성의 공전궤도 모습에 따른 가정 평가, 금성의 공전궤도 모습에 따른 가정 평가, 행성의 이심률에 따른 가정 평가를 하면서 행성들의 겉보기 운동이나 태양으로부터의 평균 거리 등에 대한 이해를 위해 행성의 공전궤도 모습을 원이라고 가정하는 것이 크게 틀리지 않다는 개념지식을 구한 것으로 해결된다.

10. 과학적 탐구방법

다음 탐구활동의 주제는 '과학적 탐구방법'으로 '과학적 탐구방법이란 무엇일까?'라는 질문을 해결해야 하는 것이다.

〈탐구활동자료 10〉 영재학급 학습자료 1학년(2013)

과학적 탐구

1. 활동을 하기 전에...

과학적 탐구를 크게 질문, 과학탐구활동, 해결로 구분하여 말할 수 있다.

과학적 탐구에서 여러 가지 데이터 수집방법을 말할 수 있다.

수집된 데이터를 해석하기 위해 데이터를 변형하는 방법에 대해 말할 수 있다.

〈강의〉

♠ 과학적 질문, 과학적 탐구활동, 과학적 지식

♠ 과학적 지식의 논리적 구조

♠ 과학적 지식의 증거 평가

2. 이 활동을 하면 …

가. 탐구질문을 생성할 수 있다.

나. 과학탐구활동이 데이터 수집과 데이터 분석 및 해석으로 이루어짐을 알 수 있다.

다. 과학적 지식이 생성되는 논리적 과정을 알 수 있다.

라. 생성된 과학적 지식이 연역추론, 귀납추론, 귀추추론에 의한 설명인지를 구별할 수 있다.

마. 과학적 지식에서 증거평가의 중요성을 이해할 수 있다.

3. 무엇이 필요할까?

노트북

4. 어떻게 활동할까?

활동 1. 탐구질문 생성과 해결방법 찾기

1) 탐구질문 생성하기

※ 매일 같은 시각에 같은 위치에서 태양의 위치를 촬영하여 기록하면 사진처럼 8자 모양으로 나타나는데, 이를 아날렘마라고 한다.

(http://apod.nasa.gov/apod/ap120922.html)

(http://apod.nasa.gov/apod/ap101231.html)

(http://apod.nasa.gov/apod/ap030320.html) (http://apod.nasa.gov/apod/ap040621.html)

1. 궁금한 것을 질문해보자.

2. 질문을 하기 위해 조사한 정보들은 무엇인가?

3. (조활동) 질문 중 탐구활동을 하기에 가장 적합한 질문이라고 생각되는 것을 선정하고 그 이유를 설명해보자.

2) 해결방법 찾기

※ 앞의 질문을 해결하기 위해 필요한 활동을 하고 그 과정에서 수집되는 데이터를 정리하시오.

① 위 질문을 해결하기 위한 활동을 먼저 계획해보자. 각 활동에서 수집하려고 계획하는 데이터들을 먼저 예상해서 정리해보자.

② (조활동) 탐구활동계획을 서로 비교하여 문제를 해결하는데 가장 적합한 탐구 계획을 세워보자.

3) 탐구질문 해결

① 질문을 해결하고 도출한 결론을 정리해보자. 이때 반드시 데이터를 근거로 제시하도록 한다.

② (조활동) 결론에 제시된 근거가 적합한지 비교 평가하여 수정할 점을 정리해보자.

활동 1. 탐구 주제 및 결론 평가 활동

※ 다음은 탐구활동의 주제와 이를 해결한 결론의 예시이다. 주제에 대해서는 탐구하려는 내용이 명확한지를 평가하고, 탐구결론에 대해서는 주제에서 알고자 하는 탐구질문을 해결하는지와 증거가 충분히 제시되었는지를 평가해보자.

1. 주제: 놀라운 낙하! 자이로드롭

목적

시험이 끝나고 놀이공원을 갈 때마다 꼭 타는 놀이기구가 있다. 바로 자이로드롭이다. 짜릿한 스릴감을 주는 이 놀이기구는 평소 잘 접하지 못하는 자유 낙하를 몸소 체험하게 해 준다. 하지만 자이로드롭을 타다 보면 한 가지 의문점이 생긴다. 다른 놀이기구들은 엄청난 빠르기로 움직이다가 마지막에 정지를 하기 위해 거대한 모터와 수많은 기계들이 필요하지만, 자이로드롭은 1G(=10㎨)라는 엄청난 빠르기의 가속도로 움직이다가 어떻게 그렇게 쉽게 정지를 할 수 있을까? 물론 자이로드롭 내부에도 많은 기계장치들이 있지만, 다른 기계들과 같이 마찰식 브레이크를 사용했다면 그 엄청난 속도에 브레이크가 미끄러지거나 나중에 가서는 마모되어 멈출 수 없게 되어 큰 사고로 이어졌을 것이다. 하지만 지금까지 우리는 브레이크의 고장으로 인한 자이로드롭에서의 안전사고는 접한 적이 없기에, 이러한 부분에 대해 많은 의문점을 가지고 있었다. 마침 영재학급 수업을 들으면서 이 질문에 대한 답을 얻을 수 있었고, 조금 더 심화적으로 알아보기 위해 이번 탐구를 계획했다.

결론

실험 결과 예상과는 다르게 각 금속관에서 자석이 떨어지는 데 걸리는 시간의 길이와 금속의 저항 사이의 뚜렷한 관계를 도출해 낼 수는 없었다. 하지만 금속의 저항의 크기가 작을수록 제동효과가 커지는 경향, 즉 와전류의 효과가 커지는 경향을 관찰할 수 있었다. 즉 효율적으로 자이로드롭을 제동하기 위해선 저항이 작은 금속 즉 백금, 금, 은, 구리와 같은 금속을 제동 금속판을 쓰는 것이 좋다는 결론을 내릴 수 있다.

또한 시간이 부족해 제동장치의 효율적 배열방식을 실험하지는 못했지만 이론상 효율적 구조를 설계해 볼 수 있었다.

〈평가〉

2. 주제: 카페인의 추출과 몸에 미치는 영향

결론

실험의 결과로 나왔고 자료에서도 보듯이 에너지 드링크에서는 다량의 카페인이 나왔다. 커피 전문점 커피 역시 자료에서 나왔듯이 에너지드링크 정도는 우습게 볼 정도로 많은 카페인을 함유하는 커피도 있었다.

적절한 양의 카페인 섭취는 기억력 향상 등의 도움이 되지만 다량의 카페인 섭취는 매우 몸에 좋지 않다. 즉 카페인은 양날의 칼인 것이다. 청소년으로서 몸에 좋지 않고 성장에도 좋지 않은 카페인의 섭취를 줄여야 겠다. 밤을 세우는 것은 카페인의 힘을 빌려서가 아닌 스스로의 의지로 하는 것이 잠을 깨우는 방법인 것 같다.

〈평가〉

3. 주제: 온난화의 진실

결론

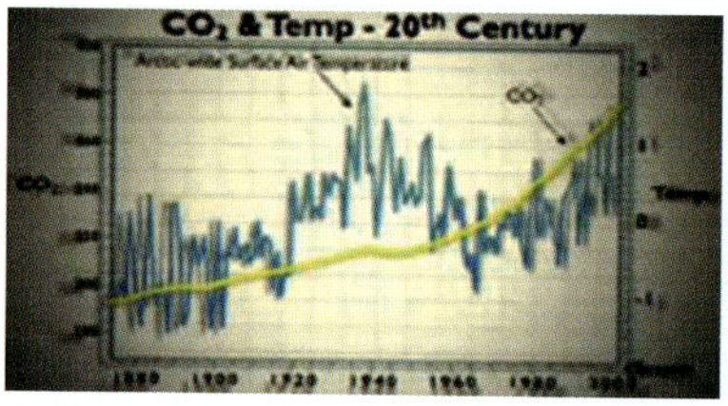

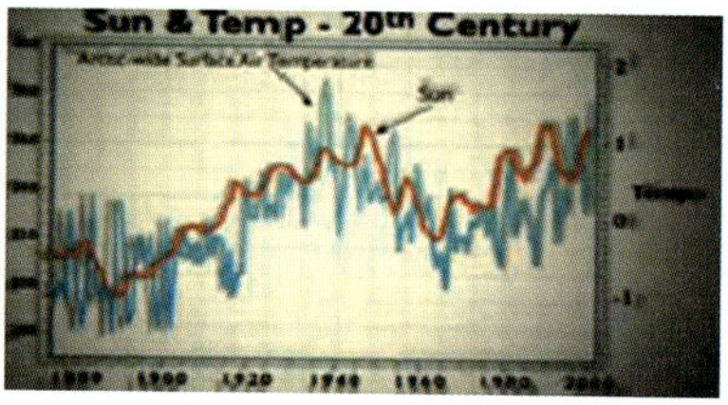

〈평가〉

4. 주제: 유명한 암호와 암호가 앞으로 나아가야 할 방향

우리가 암호에 있어서 제일 중요한 문제는 보안이다. 도청에 뛰어나게 적응해버리는 암호라면 어떨까라는 생각을 해보았다. 공격자가 도청을 하게 된다면 이 값이 그 순간 바뀌어버려서 공격자는 헛된 정보만 얻게 할 수는 없을까라는 생각을 하게 되었다.

그래서 생각해 낸 보안방법이 생물과의 연관성이다. 실제로 그냥 우리가 만든 로봇보다는 우리 생물의 몸을 본따서 만든 로봇이 효율성이 좋다는 점, 우리가 지문, 혹은 홍채 인식을 통해서 문을 지나가는 점으로부터 암호가 우리의 몸을 본따서 만든 암호는 보안성과 더불어 효율성을 높일 수 있을 수 있다는 생각을 해봤다. (DNA에 들어 있는 모든 정보가 다 밝혀지지 않았다는 데에 있어서 생각을 함) 하지만 우리 몸을 구성하는 암호과정은 이미 다 밝혀졌지만, DNA와 암호와의 연관성은 별개의 문제이다. 더불어 우리몸에서 우리의 암호체계를 공격하는 공격자가 없어서 안전성(보안)을 논할 수가 없다는 것으로 생각이 틀렸다는 점을 깨닫게 되었다.

그래서 다시 내린 결론은 도청을 하게 되면 아무래도 전기적 신호가 생길 수밖에 없어서 그것을 에너지로 받아들여서 실체의 암호, 함정의 암호가 0 혹은 1로 바뀌어 버릴 수 있게 만들면 좋은 방안인 것 같다(암호의 구성이 0, 1로 구성).

〈평가〉

1) 질문 해결하기

① 해결방법

질문 '과학적 탐구방법이란 무엇일까?'를 해결하기 위해 2개의 탐구활동이 제시되어 있다. 활동 1은 주어진 자료를 보고 궁금한 점을 질문으로 생성한 후 생성한 질문을 해결할 수 있는 방법을 계획하고 해결해보는 경험을 하도록 되어 있으며, 활동 2는 제시되어 있는 자료를 보고 주제에 대해서는 탐구에서 알고자 하는 내용이 명확하게 나타나 있는지를 기준으로, 결론에 대해서는 결론이 주제와 관련이 있는지와 증거를 충분히 제시하면서 설명하고 있는지를 기준으로 평가하도록 되어 있다.

활동 1의 1)은 아날렘마 현상을 관측한 사진자료를 보고 궁금한 점을 질문으로 생성하는 것이다. 이 활동을 수행한 학생들이 생성한 질문의 예를 들면,

> '아날렘마 현상은 왜 일어나는가?', '아날렘마에서의 교점은 언제 나타나는가?', '다른 행성에서 관찰했을 때도 동일한 모양을 갖는가?', '어떠한 지구 내외적 원인에 의하여 위아래 크기가 다른 8자 모양의 태양의 자취가 나타나는가?' 등이 있다.

활동 1의 2)는 생성한 질문을 해결할 수 있는 방법을 계획하는 것이다. 이 경우 학생들이 제안한 탐구계획은,

> '인터넷으로 조사', '관련 서적 조사', '배운 것을 토대로 해결해 본 후 외부 자료 조사' 등이 있다.

이때 구체적인 계획이 나오지 않은 것은 실제 자신들이 생성한 질문을 탐구하는 활동을 수행한 것이 아니기 때문이다. 활동 1의 3)은 생성한 질문을 해결하여 이를 설명으로 제시해보는 활동이다. 이때 활동 1의 2)에서 구한 데이터들을 근거로 질문에 대해 논리적인 설명을 제시하게 된다.

활동 2는 첫째, 제시되어 있는 주제에서 탐구하고자 하는 질문을 확인하고 주제에 탐구 내용이 명확하게 표현되어 있는지를 평가하는 활동과 둘째, 결론은 질문에 대한 것인지를 판단한 다음 근거가 잘 제시된 논리적인 설명인지를 평가하는 활동으로 구성되어 있다. 이 활동에서 주제와 결론에 대해 학생들이 평가한 예를 들면,

- 주제 1: '목적과 결론은 금속의 저항과 제동효과에 대한 것인데, 주제는 '놀라운 낙하'라고 되어 있다. 즉, 탐구 주제와 결론의 내용이 일치하지 않는다.'
- 주제 2: '주제에서 탐구하려는 내용이 명확하지 않다. 그리고 결론에서 카페인 섭취가 성장기에 매우 안 좋은 영향을 미친다고 하였으나 그 근거는 제시되지 않았다.'
- 주제 3: '주제와 관련된 내용이 결론에 일부 생략되어있어 결론의 근거가 부족하다.'
- 주제 4: '처음에는 인체의 암호의 연관성에 대하여 고찰하는 듯 했으나 마무리단계에서 갑자기 그것을 부정하고 전기적신호와 에너지의 암호화를 결론으로 내렸으며 그것마저도 그 결론에 대한 근거가 없어 매우 허무하다.'

등이 있다.

탐구 과정에는 과학과정기술로 관찰(아날렘마 현상의 사진자료를 관찰하여 질문 생성)이 다루어져 있고, 데이터 분석과 해석(활동 2에서 제시된 4가지 탐구주제와 결론의 예시들에 대해 주제에서는 내용의 명확성을 기준으로, 결론에서는 주제와의 관련성과 충분한 근거가 제시되었는지를 기준으로 분석, 분석을 토대로 한 평가)이 있다. 이로부터 다음과 같은 해결을 할 수 있다.

② 과학적 해결

이 탐구는 과학적 탐구방법에 대해 학습한 개념을 실제 적용해 보면서 이에 대한 이해를 심화하려는 것이다. 먼저 활동지에 제시된 사진 자료를 관찰하고 관련 정보를 조사하여 궁금한 점을 찾아 '질문을 생성'해보는 활동을 하게 된다. 그리고 '주제는 탐구활동에서 해결해야 할 질문'이며, '결론은 주제를 해결하여 생성된 지식'이라고 학습한 내용을 예시자료를 평가하는 데 적용하는 것이다.

다음은 '질문 생성하기'에서 생성된 질문들과 '탐구활동의 주제와 결론 평가하기'에서 학생들이 평가한 내용을 예시한 것이다.

질문 생성하기:

① 4개의 아날렘마 현상은 다른 시각에 관찰된 것이다.

② 4개의 아날렘마 현상은 다른 장소에서 관찰된 것이다.

---

③ 아날렘마 현상은 세계 어느 곳에서도 예외 없이 일어나는가?

④ 행성이 역행하는 현상과 공통점이 있을까?

⑤ 아날렘마의 모양은 자전축의 기울기와 관계있을까?

(그외: 242p의 예 참조)

탐구활동의 주제와 결론 평가하기:

① 주제는 탐구에서 알고자 하는 내용이 명확해야 한다.

② 결론은 주제와 관련 있는 내용이라야 한다.

③ 결론은 증거가 충분히 제시된 설명이라야 한다.

---

④ 주제 1: 주제가 구체적이지 않아 탐구 내용이 명확하지 않다.

⑤ 주제 2: 주제가 탐구 내용을 명확히 나타내고 있기는 하다.

⑥ 주제 3: 주제가 광범위하여 탐구 내용이 명확하지 않다.

⑦ 주제 4: 주제가 탐구 내용을 명확히 나타내고 있다.

⑧ 결론 1: 결론은 증거를 충분히 제시하고 설명하고 있지만 주제와 관련은 없다.

⑨ 결론 2: 결론에 주제와 관련 없는 내용이 있어 주제에서 알고자 하는 것을 해결한 것 같지 않다.

⑩ 결론 3: 결론에 다루어져야 할 내용이 일부 없어서 결론의 내용이 주제와 밀접하게 관련이 있어 보이지 않는다.

⑪ 결론 4: 주제에서 탐구하려고 명시한 내용 중 일부가 결론에 다루어져 있지 않았으며, 결론의 내용도 증거가 충분하지 않은 설명이다.

(그외: 243p의 예 참조)

'질문 생성하기'에서 전제 ①과 ②는 아날렘마를 관찰한 시각과 위치 정보자료이며, 결론 ③~⑤는 이 자료를 관찰한 후 해결해보고 싶어 생성한 질문의 예이다. ③을 해결하기 위해서는 아날렘마 현상을 주어진 자료 외의 지역에서 관찰을 해야 하며, 관찰 지역이 여러 곳일수록 해결하기에 적합한 정보를 모을 수 있다. 이 질문은 귀납추론에 의한 설명을 함으로써 해결될 것으로 보인다. ④는 행성의 역행운동과 아날렘마 현상을 자세히 조사한 후 이 둘을 비교함으로써 해결된다. 조사내용과 비교내용이 전제가 되고, 이를 토대로 도출된 결론이 질문의 해결이 되므로 이 질문은 연역추론에 의한 설명을 할 것으로 보인다. ⑤는 아날렘마 현상의 원인을 지구자전축의 기울기와 관련짓고 이를 해결하려는 질문이다. 이 질문은 검증해야 할 가설 '지구자전축이 기울어져 있으면 아날렘마 현상이 나타난다.'로 재진술할 수 있으며, 이는 귀추추론에 의하여 생성된 것이다. 이 가설을 검증하게 되면 '지구자전축의 기울기'가 아날렘마 현상에 대한 최상의 설명인지 여부를 판단할 수 있다.

'탐구활동의 주제와 결론 평가하기'에서 전제 ①~③은 학생들이 탐구활동으로 생성한 주제와 결론이 과학적 탐구방법에 적합한지를 평가하기 위한 기준이며, 결론 ④~⑪은 탐구활동의 주제와 결론을 학생들이 평가한 예이다.

활동 1과 2는 과학적 탐구 방법을 연습하는 것이므로 이에 대한 교육이 잘 이루어지면 학생들이 탐구활동을 과학적인 방법으로 할 수 있게 되며, 또한 자신의 탐구가 과학적인 방법으로 진행되고 있는지에 대해 스스로 평가할 수 있을 것이다.

| 나오면서 |

과학탐구활동을 인지적 과정이라는 관점으로 보는 친과 말호트라(2002)는 연구문제 제기, 변인선정, 변인통제, 관찰, 모형 사용, 관찰결과의 변환, 방법론적인 결점 고려, 원리에 대한 이론 개발, 비슷한 유형이나 다른 유형을 다양하게 연구, 다른 연구가의 연구 보고서 조사를 과학탐구활동의 요소라고 한다. 본 교재에서 다루는 요소와 공통되지 않은 것도 있지만 제시된 요소들을 보면 자연 현상에 대해 의문이 드는 점을 질문하고, 이를 해결하기 위해 과학적인 방법을 계획하고, 계획에 따라 탐구를 수행하면서 수집된 데이터를 해석하여 의문을 해결하는 맥락은 동일하다.

문제를 제기하고 이를 해결하는 과정으로써 과학탐구활동은 과학에서 핵심적인 활동이며, 더 나아가 최근에는 탐구의 중요성과 목적에 대해 재인식이 이루어지고 있다(Watson et al., 2004). 즉, 과학탐구는 순수하게 탐구활동을 통해 문제를 해결하면서 지적 호기심을 충족하는 데 그치는 것이 아니라는 것이다. 과학탐구활동은 과학적 의사소통이 이루어지는 문제해결과정이라는 점이 강조되고 있으며(Watson et al., 2004), 이에 따라 과학교육에서는 탐구를 통해 공동으로 의미를 구성해나가는 측면이 새롭게 강조되고 있다(Lemke, 1990).

여기서 강조하는 과학적 의사소통은 과학탐구활동을 통해 얻은 지식을 과학공동체 내에서 설명하고 논의하는 것을 말한다. 과학적 지식은 발견되는 것이 아니라 구성되는 것(Taber, 2007)이며, 논의나 토론은 반성적 상호작용을 통해 지식을 협동적으로 구성해나가는 역할을 한다. 이는 과학지식의 발달을 사회적 구성주의 관점으로 보는 것(McGuinness, 1999)이며, 이 관점에 따르면 이러한 상호작용을 통해 사고 능력의 발달 또한 이루어진다. 이러한 맥락에서 과학탐구활동에서는 질문을 해결할 때 증거를 사용하여 논리적인 설명을 해야 한다. 의사소통 과정에서 설명은 논리적이어야 설득력이 있으며, 설명의 설득력은 증거와 논리관계에 의존하기 때문이다.

특히, 현대와 같은 과학기술 사회에서는 과학과 관련된 사회·윤리적 문제(Socioscientific Issues: ISS)에 대해 의사결정이 필요한 경우가 많다(Millar, 2006). 왜냐하면 이와 같은 문제들은 정보 수집이나 변인들의 다양성에 의해 그 해결책이 다양하기 때문이다(Taber, 2007). 이때, 의사결정을 위한 과학적 의사소통은 주로 논변활동으로 이루어지며, 논변활동의 기본단위는 논증이다. 논증은 전제와 주장으로 이루어져 있으며 논증의 설득력은 전제의 뒷받침과 전제와 주장사이의 논리관계에 의한다. 이는 과학적인 설명이 설명항과 피설명항으로 이루어져 있고, 설명의 설득력이 설명항의 뒷받침과 설명항과 피설명항 사이의 논리관계에 의존하는 것과 같다. 따라서 과학적인 설명이 논변활동에서는 논증의 역할을 하므로, 논증의 설득력을 위해 과학탐구활동을 수행할 때는 각 요소의 특징을 잘 따라서 데이터를 수집하고 이를 증거로 하여 문제를 논리적으로 해결해야 할 것이다. 이를 위해서는 과학적 탐구에 대한 이해가 필요하며, 이러한 이해를 돕기 위해 본 교재는 과학탐구활동을 구성하는 요소를 천문학 내용에 적용하여 구체적으로 설명하였고, 과학적인 질문생성부터 과학적인 해결방법을 거쳐 과학적인 설명이 이루어지는 일련의 과정을 학생들에게 사용되는 탐구활동자료에 적용하여 설명하였다.

| 참고문헌 |

Abell, G. O., 1982, Exploration of the Universe 4th, Philadelphia : Saunders College Pub. 721p.

Baade, W. and Minkowski, R. 1954, Identification of the Radio Sources in Cassiopeia, Cygnus A, And Puppis A, Astrophysical Journal, 119, 206p.

Baker, D. R. Piburn, M. D., 1997, Constructing Science in Middle and secondary school classrooms. Boston : Allyn and Bacon, c1997. 428p.

Bell, R. L., Blair, L. M., Crowford, B. A., Lederman, N. G., 2003, Just do it? Impact of a Science Apprenticeship Program on High School Students' Understandings of the Nature of Science and Scientific Inquiry, Journal of Research in Science Teaching, 40(5), 487-509.

Bencze, J. L., 1996, Correlational studies in school science : breaking the science-experiment-certainty connection, School Science Review, 78, 95-101.

Bencze, L., Hodson, D., 1999, Changing Practice by Changing Practice : Toward More Authentic Science and Science Curriculum Development, Journal of Research in Science Teaching, 36(5), 521-539.

Bowell, T. and Kemp, G., 2005, Critical thinking : a concise guide, London ; New York : Routledge, 321p.

Bowen, G. M., Roth, W.-M., 2005, Data and Graph Interpretation Practices among Preservice Science Teachers, Journal of Research in Science Teaching, 42(10), 1063-1088.

Chinn, C. A., Malhotra, B. A., 2002, Epistemologically Authentic Inquiry in Schools : A Theoretical Framework for Evaluating Inquiry Tasks, Science Education, 86(2), 175-218.

Chin, C., Brown, D. E., Bruce, B. C., 2002, Student-generated questions : a meaningful aspect of learning in science, International journal of Science Education, 24(5), 521-549.

Crawford, B. A., Saul, C. Z., Munford, D., Friedrichsen, P., 2005, Confronting Prospective Teachers' Ideas of Evolution and Scientific Inquiry Using Technology and Inquiry-Based Tasks, Journal of Reseaarch in Science Teaching, 42(6), 613-637.

Cuccio-Schirripa, S., Steiner, H. E., 2000, Enhancement and Analysis of Science Question Level for Middle School Students, Journal of Research in Science Teaching, 37(2), 210-224.

Davidson, D., 1984, Inquiries into Truth and Interpretation, Oxford University Press, 292p.

Fix, J. D., 2004, Astronomy; Journey to the cosmic frontier, McGraw Hill. 656p.

Flach, P. A., Kakas, A. C., 2000, Abduction and Induction : Essays on their relation and integration, Kluwer Academic, 309p.

Germann, P. J., Aram, R., Burke, G., 1996, Identifying Patterns and Relationships among the Resonses of Seventh-Grade Students to the Science Process Skill of Designing Experiments, Journal of Research in Science Teaching, 33(1), 79-99.

Germann, P. J., Haskins, S., Auls, S., 1996a, Analysis of nine school biology laboratory manuals : Promoting scientific inquiry, Journal of Research in Science Teaching, 33(5), 475-499.

Glynn, S. M., Yeany, R. H., Britton, B. K., 1991, The Psychology of Learning Science, Hillsdale, N.J. : L. Erlbaum Associates. 269p.

Grevatt, A., Gilbert, J.K., Newberry, M., 2007, Challenging able science learners through models and modelling, in Science Education for Gifted learners. edited by Taber, K.S., Routledge. 240p.

Graesser, A. C., Person, N. K., 1994, Question asking during tutoring, American Educational Research Journal, 31(1), 104-137.

Jeanpierre, B., Oberhauser, K., Freeman, C., 2005, Characteristics of Professional Development That Effect Change in Secondary Science Teachers' Classroom Practices, Journal of Research in Science Teaching, 42(6), 668-690.

Josephson, J. R., Josephson, S. G., 1996, Abductive Inference : Computation, Philosophy, Technology, Cambridge University Press, 306p.

Karttunen, H., Kroger, P., Oja, H., Poutanen, M., Donner, K. J., 2007, Fundamental Astronomy 5th ed., Springer-Verlag Berlin Heidelberg. 510p.

King, A., 1994, Guiding Knowledge Construction in the Classroom : Effects of Teaching Children How to Question and How to Explain, American Educational Research Journal, 31(2), 338-368.

Krajcik, J., Blumentfeld, P. C., Marx, R. W., Bass, K. M., Fredricks, J., 1998, Inquiry in Project-Based Science Classrooms : Initial Attempts by Middle School Students, The Journal of the Learning Sciences, 7, 313-350.

Laudan, L., 1990, Science and Relativism : Some Key Controversies in the Philosophy of Science, University of Chicago Press. 180p.

Lemke, J.L., 1990, Talking Science: Language, Learning, and Values, Norwood, NJ: Ablex. 261p.

Leverington, D., 1995, A history of Astronomy from 1890 to the present, Springer-Verlag

London Ltd. 365p.
LoPresto, M., 2004, Teaching the Scientific Method in Introductory Astronomy, Astronomy Education Reviews, 2(2), 138-145.
Magnani, L., 2001, Abduction, reason, and science : Processes of discovery and explanation, Kluwer Academic/Plenum Publishers, 205p.
Marbach-Ad, G., Sokolove, P. G., 2000, Can undergraduate Biology Students Learn to Ask Higher Level Questions?, Journal of Research of Science Teaching, 37(8), 854-870.
Marschall, L. A., 1988, The Supernova Story. Princeton University Press, 320p.
Martin, M., 1985, Concepts of science education : a philosophical analysis, University Press of america, 176p.
McGuinness, C., 1999, From thinking skills to thinking classroom: A review and evaluation of approaches for developing pupils thinking (RR115), London: DfEE.
Meador, K. S., 2005 , Thinking Creatively About Science, in Science Education for gifted students (ed), Prufrock Press. 131p.
Millar, R., 2006, Twenty first century science: Insights from the design and implementation of a scientific literacy approach in school science. International Journal of Science Education, 28(13), 1499-1521.
Mounce, H. O., 1997, The Two Pragmatisms ; From Peirce to Rorty, London ; New York : Routledge. 245p.
Murphy, J. P., 1990, Pragmatism : From Peirce to Davidson, Boulder : Westview Press, 152p.
Penner, D. E., Klahr, D., 1996, When to trust the data Further investigations of system error in a scientific reasoning task, Memory & Cognition, 24(5), 655-668.
Robbins, R. R. and Jefferys, W. H., 1988, Discovering Astronomy, John Wiley & Sons, Inc. 479p.
Rudolph, J. L., 2000, Reconsidering the 'nature of science' as a curriculum component, Journal of Curriculum Studies, 32, 403-419.
Sager, R. J., Ramsey, W. L., Phillips, C. R., Watenpaugh, F. M., 2002, Modern Earth Science, A Harcourt Classroom Education Company. 730p.
Salmon, W. C., 1989, Four decades of scientific explanation, Minneapolis : University of pittsburgh Press. 234p.
Sandoval, W. A., 2005, Understanding Students' Practical Epistemologies and Their Influence on Learning Through Inquiry, Science Education, 89(4), 634-656.
Sandoval, W. A., Reiser, B. J., 2004, Explanation-Driven Inquiry : Integrating Conceptual

and Epistemic Scaffolds for Scientific Inquiry, Science Education, 88(3), 345-372.
Seeds, M. A., 2001, Foundations of Astronomy 6th. Thomson Learning. 615p.
Seeds, M. A., 2004, Horizons; Exploring the Universe 8th, Thomson Learning. 484p.
Skinner, B. J., Porter, S. C., Botkin, D. B., 1999, The Blue Planet; An Introduction to Earth System Science, John Wiley & Sons, Inc. 552p.
Taber, K.S., 2007. Choice for the gifted: lessons from teaching about scientific explanatioins. edited by Taber, K.S., Routledge. 240p.
Thoren, V. E., 1989, Tychol Brahe, In Hoskin, M.(ed.), The General History of Astronomy Vol.1, Cambridge University Press, 274p.
Trumbull, D. J., Bonney, R., rudens-Schuck, N., 2005, Developing Materials to Promote Inquiry : Lessons Learned. Science Education, 89, 879-900.
Valiela, I., 2001, Doing Science : design, analysis, and communication of scientific research, Oxford University Press. 294p.
Vellom, R. P., Anderson, C. W., 1999, Reasoning about Data in Middle School Science, Journal of Research in Science Teaching, 36(2), 179-199.
Walton, D. N., 1996, Argument Structure : A Pragmatic Theory, University of Toronto Press, 304p.
Watson, J.R., Swain, J.R.L., & McRobbie, C., 2004, Students' discussions in practical scientific inquiries. International Journal of Science Education, 26(1), 25-45.
Woolnough, B. E., 1997, Motivating students or teaching pure science? School Science Review, 78, 67-72.
Wu, H.-K., Krajcik, J. S., 2006, Inscriptional practices in Two Inquiry-Based Classrooms : A Case Study of Seventh Graders' Use of Data Tables and Graphs, Journal of Research in Science Teaching, 43(1), 63-95.
Zeilik, M. and Smith, Elske v. P. 1987. Introductory astronomy and astrophysics., Saunders college publishing. 503p.
Zimmerman, C., 2000, The Development of Scientific Reasoning Skills, Developmental Review, 20, 99-149.
곽영직, 2006, 가모브가 들려주는 우주론 이야기, 자음과 모음, 222p.
권재술, 김범기, 강남화, 최병순, 김효남, 백성혜, 양일호, 권용주, 차희영, 우종옥, 정진우, 2012, 과학교육론, 교육과학사, 700p.
김광수, 1995, 논리와 비판적 사고, 철학과 현실사, 594p.
김영필, 2001, 논리와 사고, 울산대학교 출판부, 307p.
네이글, 전영삼 역, 2001, 과학의 구조 : 과학적 설명 논리의 문제들, 아카넷, 513p.
노모토 하루요, 정현수 역, 1997, 초신성 1987A와 별의 성장, 전파과학사, 238p.

드보어, 정진우 역, 1999, 과학교육사, 시그마프레스, 286p.
모리모토 마사키, 정현수 역, 1994, 전파로 본 우주: 전파천문학 입문, 전파과학사, 237p.
박준호, 2003, 논리와 논증의 이해, 한국문화사, 407p.
신미영, 최승언, 2008, 8학년 학생들의 과학자율탐구에 나타난 질문, 방법설계, 데이터분석, 결론도출의 특징, 서울대학교 학위논문, 252p.
이초식 외, 2000, 귀납논리와 과학철학, 철학과 현실사, 523p.
조희경, 최경희, 2001, 과학교육 총론, 교육과학사, 589p.
퍼스, 김성도 역, 2006, 퍼스의 기호 사상, 민음사, 333p.

〈참고사이트〉

http://earthobservatory.nasa.gov/IOTD/view.php?id=2737
http://apod.nasa.gov/apod/ap990711.html
http://apod.nasa.gov/apod/ap990419.html
http://apod.nasa.gov/apod/ap010513.html
http://apod.nasa.gov/apod/ap081008.html
http://apod.nasa.gov/apod/ap080204.html
http://apod.nasa.gov/apod/ap130605.html
http://apod.nasa.gov/apod/ap971223.html
http://apod.nasa.gov/apod/ap120826.html
http://apod.nasa.gov/apod/ap971230.html
http://blog.daum.net/tsc99/18321743
http://en.wikipedia.org/wiki/Unbarred_spiral_galaxy
http://www.astronomy.gatech.edu/Research/Michigan/HR_Diagram.gif

〈탐구활동 자료〉

최변각, 이해신, 추병수, 문병권, 소영무, 이지은, 이정은, 조명아, 2013, 고등학교 지구과학 I, 천재교육, 319p.
2012, 신목고등학교 영재학급 학습자료 1학년, 신목고등학교, 196p.
2012, 신목고등학교 영재학급 학습자료 2학년, 신목고등학교, 204p.
2013, 신목고등학교 영재학급 학습자료 1학년, 신목고등학교, 244p.
2013, 신목고등학교 영재학급 학습자료 2학년, 신목고등학교, 246p.

| 찾아보기 |

한글

〈ㄱ〉

〈ㅁ〉

〈ㅂ〉

〈ㅅ〉

〈ㅇ〉

〈ㅈ〉

〈ㅊ〉

〈ㅋ〉

〈ㅌ〉

〈ㅍ〉

〈ㅎ〉

영문

〈D〉

〈H〉

〈M〉

〈P〉

〈S〉

〈T〉

〈V〉

〈X〉

기타

| 저자소개 |

신미영

[학력]

서울대학교 사범대학 지구과학교육과 학사
서울대학교 사범대학 지구과학교육과 석사
서울대학교 사범대학 지구과학교육과 박사

[현재]

신목고등학교 재직
서울대학교 대학원 출강

최승언

[현재]

서울대학교 사범대학 지구과학과 교수(1985~)
서울대학교 관악영재교육원 원장(2008~)

[전]

서울대학교 과학영재교육센터 원장(2001~2006)
한국지구과학회 회장(2011)

[홈페이지]

개　인: http://suchoe.snu.ac.kr
연구실: APHEESE(새지평 지구과학교육연구 공동체)
http://apheese.snu.ac.kr

천문학으로 과학하기: 탐구

2014년 5월 25일 1판 1쇄 인쇄
2014년 5월 30일 1판 1쇄 발행

저　자 : 신미영·최승언
발행인 : 김 동 규
발행처 : **교육과학사**

경기도 파주시 문발동 광인사길 71
전화 : (031) 955-6956~8 팩스 : (031) 955-6037
Home-page : www.kyoyookbook.co.kr / E-mail : kyoyook@chol.com
등록 : 1970년 5월 18일 제2-73호

ISBN 978-89-254-0831-6

정가 15,000원

잘못 만들어진 책은 바꾸어 드립니다.

저자와의 협의하에 인지를 생략합니다.